RECHERCHES

DE

...ONIQUE EXPÉRIMENTALE

EFFECTUÉES SOUS LA DIRECTION

DE

RAYMOND DE GIRARD

DOCTEUR ÈS SCIENCES

PROFESSEUR DE GÉOLOGIE A L'UNIVERSITÉ DE FRIBOURG

TOME PREMIER

Extrait de l'Annuaire de l'Institut géologique
de l'Université de Fribourg, 1912.

DU MÊME AUTEUR :

Géologie générale.

La forme de la Terre, *Archives des Sciences physiques et naturelles*, Genève, décembre 1891.
Coup d'œil sur l'histoire de la géologie, *Revue thomiste*, Fribourg, 1893.
La théorie cosmogonique moderne, *Monat-Rosen*, 1895.
La forme de la Terre, *Revue thomiste*, Fribourg, septembre 1895, janvier 1896.
« Qu'est-ce que la géologie ? », *Compte rendu des conférences publiques*, Fribourg, 1896.
Etudes synthétiques sur la forme de la Terre, *Le Globe*, XXXVII, Genève, 1898.
Notes sur quelques points de géologie mécanique, *Bull. Soc. fribourg. des Sc. nat.*, 1899.
Sur un nouveau genre de reliefs tectoniques, *Eclogæ geol. Helv.* mars 1908.

Géologie technique.

La question des mines, en Suisse, *Bull. Soc. fribourg. des Sc. nat.*, 1887.
Le sondage de Corpataux, Fribourg, 1888.
Les mines de fer de la Suisse, *Mineral Resources*, Chicago, 1893.
Les produits minéraux du canton de Fribourg, *Notice sur les Exploit. min. de la Suisse, pour l'Exposit. nationale*, Genève, 1896.
Rapport d'expertise géologique, sur le tunnel projeté de Tusy à Hauterive, Fribourg, 1896.
Rapport au Conseil des Etats, sur l'achat par la Confédération d'un appareil de sondage, 1897.
Rapport d'expertise géologique, sur le lac projeté au Gros-Mont, Fribourg, 1909.
Les gites d'hydrocarbures de la Suisse occidentale (1 vol. de 120 p.), extrait des *Mémoires de la Soc. fribourg. des Sc. nat.*, 1913.

Géologie biblique.

Le Déluge (Etude d'ensemble) (1 vol. de 144 p.), extrait des *Monat Rosen*, 1890-92.
Le caractère naturel du déluge (1 vol. de 286 p.), Fribourg, 1892.
Le Déluge devant la critique historique (1 vol. de 370 p.), Fribourg, 1893.
La théorie sismique du Déluge (1 vol. de 545 p.), extrait du *Bull. de la Soc. fribourg. des Sc. nat.*, 1894.

Géologie locale.

Les blocs erratiques fribourgeois (1 vol. illustré), Fribourg, 1895.
Tableau des terrains du Canton de Fribourg, 1896.
Les Alpes fribourgeoises, *Revue des Questions scientifiques*, Bruxelles, 1898.
Tableau des terrains, au point de vue agronomique, Fribourg, 1898.

Suite, p. 3 de la Couverture.

RECHERCHES

DE

TECTONIQUE EXPÉRIMENTALE

EFFECTUÉES SOUS LA DIRECTION

DE

RAYMOND DE GIRARD

DOCTEUR ÈS SCIENCES

PROFESSEUR DE GÉOLOGIE A L'UNIVERSITÉ DE FRIBOURG

1439

TOME PREMIER

Extrait de l'Annuaire de l'Institut géologique
de l'Université de Fribourg, 1912.

TABLE DES MATIÈRES

DU TOME PREMIER

INTRODUCTION

I

La Science

II

L'enseignement

III

Reliefs-cartes

PREMIÈRE SÉRIE D'EXPÉRIENCES

INTRODUCTION

PAR

Le Professeur R. de Girard

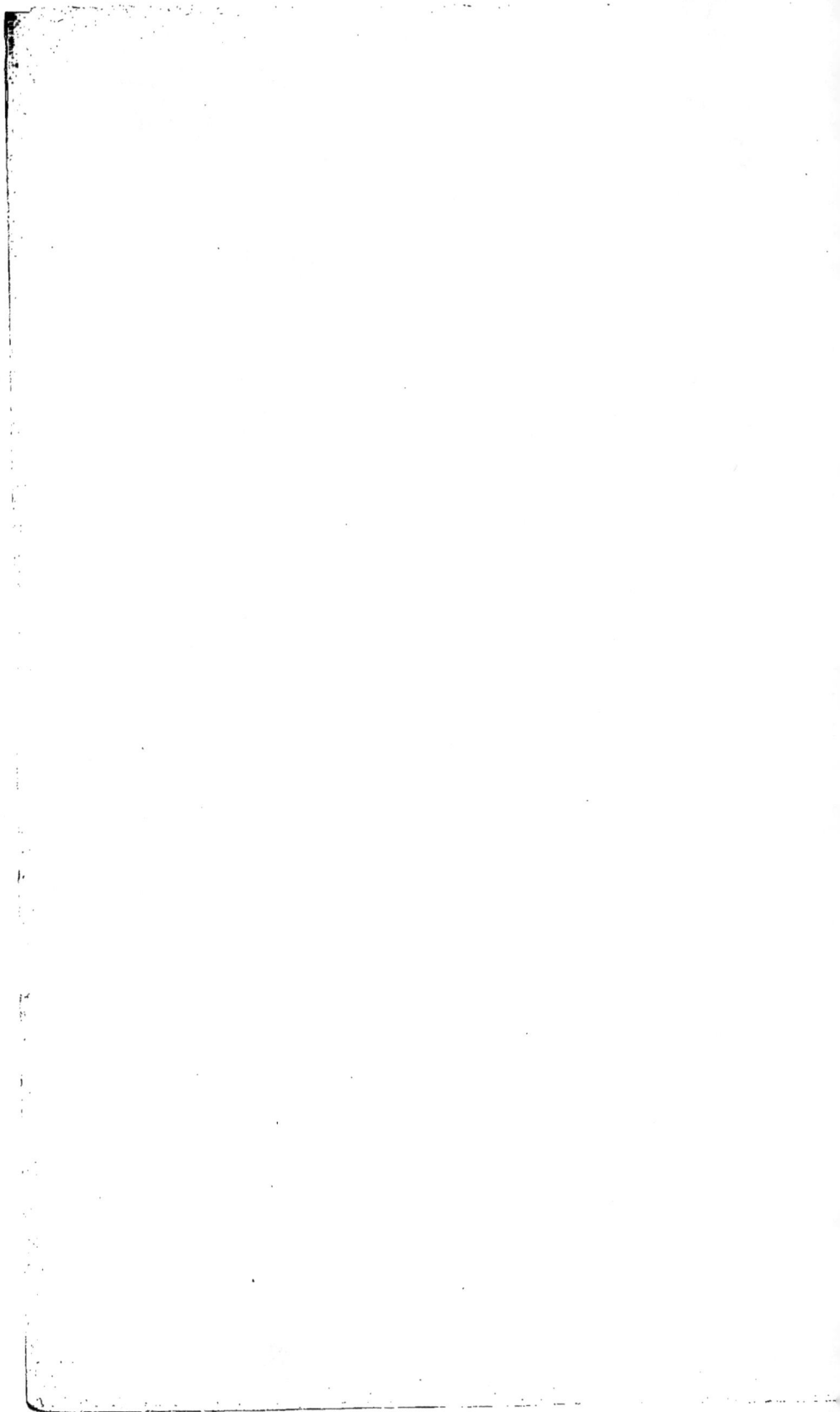

INTRODUCTION

C'est en 1905 que je commençai les expériences dont il va être question [1]. Elles furent le point de départ d'une série de recherches que mes élèves poursuivent, sous ma direction, et qui sont devenues la spécialité du laboratoire géologique de Fribourg. On peut les envisager au double point de vue scientifique et pédagogique.

I

La science

Principe de la méthode. — Le relief « structural » d'une région montagneuse naît du *plissement* et de la *fissuration* des assises rocheuses, non de l'empilement d'une pierraille. Seuls, les cônes volcaniques procèdent d'une *accumulation* de débris. Dès lors, les « reliefs » confectionnés jusqu'ici par l'accumulation de parcelles gypseuses ou argileuses (qu'on humecte pour les coller ensemble) imitent en un sens la genèse des montagnes volcaniques, mais l'opération qui leur a donné naissance n'a rien de commun avec les phénomènes qui engendrent les dislocations terrestres. Le modelage de la masse est encore une accumulation (par déplacement) et, quant au travail de sculpture qui parachève l'œuvre, il n'imite que l'*érosion* superficielle.

En modelant et sculptant une *masse*, on obtient à volonté toutes

---

[1] Une communication à leur sujet figura au programme de la section de géologie, lors de la réunion de la Société helvétique des Sciences naturelles, à Fribourg, en 1907, et les reliefs confectionnés par l'auteur furent exposés dans la salle des séances. Cette communication a paru dans les *Eclogae geologicae Helvetiae*, numéro de mars 1908.

les formes qu'on désire. On dispose, pour les réaliser, de l'accumulation et de l'ablation, mais on n'est pas en droit d'affirmer que la flexion pourrait les produire. Au contraire, en plissant — au besoin jusqu'à déchirement — une *feuille* préexistante, à laquelle on ne peut rien enlever ni rien ajouter, on se place dans les conditions mêmes où sont nées les chaînes de montagnes et on peut affirmer que toutes les formes qu'on engendre sont *possibles* pour une plaque en voie de ridement.

Utilité géologique des expériences. — La lithosphère terrestre, dans son ensemble, ou une strate rocheuse, en particulier, étant des plaques, on peut licitement leur appliquer les conclusions que fournissent les expériences de plissement et celles-ci deviennent un critérium pour juger de la *possibilité* des formes tectoniques, dans les cas fréquents où l'étude du terrain conduit à en admettre de compliquées sans fournir des indices absolument certains de leur réalité.

En effet, comme le dit M. de Launay, « il faut toujours partir de cette idée que la tectonique nous amène à étudier les terrains dans des conditions plus ou moins contraires aux règles normales de la stratigraphie et que la stratigraphie paléontologique doit, néanmoins, rester satisfaite ». Cela signifie que l'ordre normal de superposition des assises ne peut être troublé que localement et d'une façon qui lui permette de se rétablir aux limites de la région disloquée. Or, on sera sûr de rester dans cette donnée en se servant d'une plaque dont les deux faces représenteront des horizons à situation relative déterminée et qui seront assujettis à la condition de se retrouver, malgré tout, en superposition normale sur les bords du « relief » construit.

Réciproquement, l'examen du « relief » permettra, comme le demande encore M. de Launay, de retrouver la série des mouvements mécaniques, par lesquels l'ensemble des deux horizons, d'abord normal, a pu être amené à l'état anormal qu'on observe [1].

La méthode essentielle de la tectonique consiste, dans tous les cas possibles, à multiplier les coupes verticales en sens divers et à les « interpréter » en en reliant les traits connus par des courbes hypo-

---

[1] *La science géologique*, par L. DE LAUNAY, ingénieur en chef des Mines, professeur à l'Ecole des Mines de Paris (1905), p. 237.

thétiques, jusqu'à ce qu'on soit arrivé à un système tel qu'il concilie, à la fois, toutes les observations géologiques par une hypothèse mécaniquement admissible. Dans ce travail, on est guidé par la nécessité de satisfaire, à la fois, aux exigences de *plusieurs profils* et les hypothèses inexactes, que l'on peut être tenté d'adopter sur l'un de ces profils, se trouvent successivement éliminées par les autres [1].

Or, n'est-il pas évident que le moyen le plus sûr pour amener la concordance de diverses coupes verticales, c'est de les réunir, non seulement par quelques lignes génératrices d'une surface gauche, mais *par cette surface elle-même*, comme cela a lieu dans nos reliefs ? Ce système, n'est-il pas, entre tous les modes de représentation, le plus apte à figurer un état de choses réel ou une conception théorique, « sous une forme plastique, où ses particularités, au besoin ses incohérences, sautent aux yeux [2] » ?

Par l'emploi de cette méthode, la tectonique deviendra de plus en plus, selon le désir de M. de Launay, « une géométrie descriptive de précision [3] ». En effet, comme l'a bien dit mon regretté maître, Marcel Bertrand, dans les mouvements orogéniques, « le plus ou moins grand nombre de kilomètres importe peu ; il n'y a là qu'une question de comparaison avec l'échelle à laquelle nos sens nous ont habitués. Au point de vue de la possibilité matérielle du phénomène, la moindre objection d'*ordre géométrique*, comme celle des rapports d'espace ou de surface occupés, est autrement grave, si même elle frappe moins l'esprit [4] ». Dès lors, il n'y a pas lieu de se préoccuper de « l'énorme disproportion entre les déformations mécaniques que réalisent nos expériences et celles que nous offre la nature [5] ». M. de Launay lui-même l'a reconnu, *c'est de géométrie qu'il s'agit ici* et non de mécanique, à proprement parler. Il peut y avoir, et il y a réellement, disproportion entre les forces et les masses ; il ne saurait y en avoir entre les *formes*, celles-ci étant indépendantes de toute mesure absolue.

La conséquence de ceci est que le *mode* de plissement importe

---

[1] DE LAUNAY, *op. cit.*, p. 234 et 235.

[2] *Ibidem*, p. 235.

[3] *Ibidem*.

[4] La grande nappe de recouvrement de la Basse Provence (*Bull. des serv. de la Carte géol. de France*, X (1899), p. 5 et 6).

[5] DE LAUNAY, *op. cit.*, p. 234.

peu. Nous employons tantôt une presse horizontale [1], tantôt l'action pure et simple des doigts. Il nous arrive de réaliser du premier coup la forme désirée et, d'autres fois, il y faut une série de retouches. Quoi qu'il en soit, la forme résultante provient du plissement ; elle est de celles qu'on peut, sans hésitation, attribuer à la contraction terrestre, et les manipulations diverses qui sont nécessaires pour la produire nous renseignent sur la nature des efforts orogéniques correspondant à telle ou telle forme tectonique. Tout est là.

Processus de la dislocation. — Depuis quelques années, les déformations accompagnées de rupture des couches ont pris, dans notre conception des chaînes de montagnes, une place qu'elles n'avaient pas auparavant et on peut se demander si, dans les cas de ce genre, la rupture se produit dès l'origine du mouvement, ou si, au contraire, la déformation initiale est toujours un plissement. Le fait que les inflexions originelles ont disparu ne préjuge rien et on peut admettre que les *failles à rejet direct* procèdent de la rupture d'un *pli en genou*, les *failles inverses* (plis-failles et chevauchements) n'étant que l'exagération d'un *pli couché*. A l'appui de cette manière de voir, on peut citer la constatation, faite dans les champs de fractures, que cette exagération des efforts est toujours localisée, de sorte qu'il y a *passage latéral* du pli à la cassure qui en dérive, et réciproquement.

Dans le même ordre d'idées, on admettra que les *décrochements* (Blätter) dérivent des *sygmoïdes* et que les fentes par traction plane : les *joints*, sont dues aux efforts de déchirement que développent, dans certains cas, les courbures exigées par le plissement [2].

---

[1] Le principe d'une *machine à plisser* m'est apparu dès l'abord. Elle doit consister essentiellement en une aire, sur laquelle on disposera la feuille à rider, cette aire se terminant, d'un côté, à un buttoir résistant et pouvant être parcourue, dans toute son étendue, par un refouloir susceptible de se rapprocher du buttoir. C'est, en somme, un étau ; le rapprochement de ses deux mâchoires soumet la plaque interposée à un refoulement horizontal, comme le veut la théorie géologique.

J'ai trouvé ces conditions grossièrement réalisées dans une « raboteuse à table » de notre atelier de mécanique de Pérolles et c'est avec elle qu'ont été faites nos expériences de la re et de la IIme séries.

On trouvera, au tome II, une description de la machin perfectionnée dont M. Reichlin a doté mon laboratoire, en 1912.

[2] C'est l'opinion de M. DE LAPPARENT : « La plasticité relative dont jouissent les sédiments (on pourrait dire : toutes les roches) dans l'intérieur

Mais d'autres géologues pensent que le mouvement initial a été un *écartement* dans le sens horizontal, permettant l'*affaissement* centripète pur et simple des régions interposées [1]. Quant à la dénivellation sans laquelle un chevauchement n'est pas possible, il en est qui l'attribuent à une cassure verticale immédiate.

Pour nous, c'est à l'expérience, bien conduite, à trancher le débat, ou du moins à fournir les éléments de sa solution. C'est pourquoi nous étudierons, d'aussi près que possible, la genèse des deux types de dislocations.

Reproduction des plissements. — Quand elle survient sous l'action d'un effort plissant, la fissuration n'est qu'un moyen, employé par la matière *pour éluder l'obligation de se plisser*. Donc, pour pousser aussi loin que possible la réalisation de plis compliqués, il faut éviter que la fissuration n'intervienne : Dès qu'elle se produit, l'expérience est terminée.

Nous parvenons à éviter le déchirement en opérant sur des feuilles de plomb laminé. Ce métal a avec les roches la propriété commune de ne pas « faire ressort » et il est assez flexible pour ne se déchirer qu'à la dernière extrémité. Nous l'employons en général à l'épaisseur de $^3/_4$ de millimètre ; il est ainsi très maniable et permet de pousser l'analyse des formes plissées plus loin qu'avec toute autre matière usuelle.

Lorsque nous opérons à la presse, — pour étudier, par exemple, l'effet de deux refoulements angulaires successifs, — nous évitons au contraire que notre plaque ne *se chiffonne* trop vite, en employant du plomb plus épais. Mais, dans l'un comme dans l'autre cas, la plasticité relative de la matière imite celle des roches situées en profondeur, et cela est important.

Reproductions des fractures. — Ici nous emploierons une matière susceptible de se fendiller, l'argile à modeler, par exemple. Il faudra, au préalable, l'amener à l'état précis de flexibilité incomplète qui lui

(humide ?) de l'écorce terrestre, dit-il, a dû leur permettre en général de se déformer avant de se rompre. La forme normale de leurs dislocations est donc celle de *plis*, susceptibles de devenir des *cassures*, lorsque la limite d'élasticité est dépassée. » (*Traité de géologie*, 5ᵉ éd., 1906, p. 1858.) — Cette conception, toute moderne, repose en somme sur le principe de la *plasticité latente* énoncé par HEIM dès 1878 (*Mechanismus der Gebirgsbildung*, II, 1, D.)

[1] Powell et Dutton, in Suess, *Antlitz* (trad. franç., tome I, p. 171).

permettra de se plisser d'abord, pour ne se déchirer qu'au fur et à mesure que deviendra plus intense la déformation exigée d'elle. Ceci, toujours, pour rester dans les conditions de la nature, où toute dislocation commence (c'est du moins très probable) par une flexion et un étirement des couches, la rupture ne survenant que plus tard, lorsque la déformation tend à passer à sa *seconde puissance*.

Ici encore, et pour les motifs précédemment indiqués, nous opérerons toujours sur des plaques (ou feuilles), et non pas, comme certains de nos devanciers, sur des masses de formes diverses.

Ce que je viens de dire est vrai (ou du moins infiniment probable) pour les fissures par affaissement, aussi bien que pour celles qui dérivent du plissement. Nous emploierons donc la même matière, qu'il s'agisse d'imiter un pli crevassé ou un « champ d'effondrement ».

Dans l'étude des cassures, en effet, deux directions s'ouvrent devant nous : Tout d'abord, nous devons chercher à découvrir les lois, encore presque inconnues, qui régissent la subordination des déchirures, consécutives du plissement, aux plis dont elles dérivent [1]. Pour cela, nous pourrons froisser une feuille d'argile à modeler, seule ou avec une feuille de plomb sur laquelle elle sera appliquée. On sera obligé d'avoir recours au second procédé [2], lorsqu'il s'agira d'obtenir des plissements très compliqués, ou lorsqu'il faudra opérer à la machine. L'argile représentera la zone superficielle de la lithosphère, où, selon la théorie de M. Heim, se localisent les déformations avec ruptures, tandis que le plomb figurera les régions profondes, que la surcharge a douées de « *plasticité latente* » et où l'ouverture de fentes est impossible, faute de place.

Les besoins de l'expérimentation ne nous empêcheront donc pas de rester dans les conditions de la nature et il sera extrêmement intéressant d'appliquer ce procédé aux ridements complexes. On verra alors se produire des réseaux de fissures, sans doute très compliqués, dont l'étude promet d'être riche en surprises.

---

[1] Qu'on parcoure les classiques de la géologie minière, et on verra qu'à part quelques problèmes élémentaires — comme ceux que résolut Moissenet, ou le passage des rejets inverses — et malgré qu'ils proclament, en termes généraux, la dépendance des cassures vis-à-vis des plissements, ils ne pénètrent pas dans l'étude des conséquences qui doivent résulter de cette dépendance. Cette étude serait, cependant, d'un haut intérêt pour l'art des mines en pays de montagnes.

[2] Inventé par M. Reichlin.

En second lieu, nous imiterons les cassures par affaissement. Pour les réaliser, il suffira d'enlever à une plaque déchirable, posée horizontalement sur un « plancher » mosaïque, une portion limitée de son support. L'appareil nécessaire ici ne sera autre chose qu'une aire divisée en compartiments susceptibles d'être abaissés séparément. Cette expérience fort simple doit nous mettre en présence de tous les phénomènes caractéristiques des *champs d'effondrement* : réseau combiné de fentes périphériques et radiales, s'enrichissant par troncature des angles, à mesure que l'affaissement progresse — ponts de failles, gradins, môles et seuils partiels, alternant avec des fosses secondaires, en ombilics. -- Pour peu que notre plaque ait une épaisseur appréciable, nous pourrons voir ces accidents en coupe, examiner les rejets produits et constater, plus d'une fois, sans doute, le passage latéral d'une faille à un « pli en genou », de sorte que le pourtour de la région déprimée sera, selon les points, une ligne d'effondrement ou d'affaissement. Ici encore, l'expérience, adéquate au phénomène naturel, en reproduira fidèlement les particularités connues et peut-être, en révélera de nouvelles [1].

En fait de champs d'effondrement, les plus jolies reproductions en miniature qu'on en puisse rêver sont offertes par les aires asphaltées : terrasses, trottoirs, etc. L'asphalte y forme une couche, ce qui est conforme à nos prémisses ; l'affaissement y est déterminé par une insuffisance du support, comme le veut la théorie de Suess ; enfin il se produit là où l'asphalte, ramollie par le soleil, est devenue quelque peu flexible, ce qui justifie notre opinion sur la succession des deux degrés de déformation.

Formes concomitantes. — Nous venons de voir que le plissement ne se produit pas toujours seul. Quand les courbures sont trop brusques ou trop multipliées sur le même point, la *fissuration* apparaît. On ne la désirait pas, on n'a rien fait d'intentionnel pour la

---

[1] J'ai fait quelques expériences, non plus sur une feuille unique, mais sur un ensemble de plaques superposées, imitant un système de couches sédimentaires. Je me suis aperçu qu'à part quelques plissements ou décollements internes, semblables à des faits connus dans la nature (décollements des strates aux charnières (« Faltengänge »), un tel complexe se comporte comme une feuille unique. Il est donc inutile de surcharger les expériences d'une difficulté matérielle sans profit.

produire. Elle est *spontanée* et *concomitante* aux formes *cherchées*. C'est la conséquence inévitable des limites toujours posées à la flexibilité de la matière.

Une autre cause de dépendance, qui empêche une région donnée d'une plaque d'obéir, sans autres, aux efforts qu'on exerce sur elle, ce sont les *attaches latérales* dont l'influence, très difficile à analyser et surtout à prévoir, se traduit par certaines conditions posées à la réalisation d'une forme donnée. Ces conditions consistent dans l'apparition *spontanée* de nouveau et *inévitable*, à côté du pli qu'on s'efforce de produire, d'autres plis, accessoires et *concomitants*.

Dans l'un comme dans l'autre cas, les **formes concomitantes** accompagnent la **forme cherchée** avec une nécessité telle que, si on s'oppose à leur naissance, la forme désirée ne peut plus se produire. C'est par rapport à ces formes accessoires que l'expérience acquiert le maximum de son intérêt, parce qu'elle seule peut nous mettre sur la voie d'une analyse qu'il ne semble pas possible de tenter *à priori*.

L'existence des formes que j'ai appelées « concomitantes » m'a été révélée dès les premières expériences de plissement que j'ai tentées. Dans chacune de ces expériences, je poursuivais la réalisation d'une *forme désirée*, indiquée comme existante par les observations sur le terrain et dont je voulais contrôler la *possibilité géométrique* [1]. Je ne m'occupais pas du tout des *formes concomitantes* qui pouvaient naître spontanément. Je ne faisais rien ni pour faciliter ni pour entraver leur apparition. Quand la forme cherchée était produite, l'expérience était terminée et il ne me restait qu'à chercher dans les monographies si quelque chose d'analogue à mes formes accessoires avait été observé effectivement. Ça a été le cas plus d'une fois.

Possibilité des formes tectoniques. — Les formes de plis que nous cherchons à imiter peuvent, à ce point de vue, être divisées en trois groupes : Les unes ne demandent, pour se produire, que des actions très simples, sur lesquelles il n'y a rien de spécial à dire, et

[1] Il y a, en effet, parmi les formes entrevues, ces dernières années, par les géologues alpins, des types dont la possibilité géométrique n'est pas certaine *à priori*. J'entends par là qu'il n'est pas toujours hors de doute que les couches rocheuses, ou toute autre plaque, puissent se prêter plastiquement, c'est-à-dire sans rupture ni duplicature, aux contorsions qu'exigerait la réalisation de la forme supposée.

les « reliefs » obtenus, dans ce cas, donnent lieu seulement à des remarques de *plastique*. Leur intérêt est avant tout de nature pédagogique.

D'autres formes, par contre, exigent des efforts complexes et leur imitation a surtout pour but l'analyse *mécanique* de ces efforts, analyse qui intéresse au plus haut point la géologie.

Une troisième catégorie, enfin, comprend des formes que ni des actions simples, ni des efforts composés, ni la lenteur ni la force, ne réussissent à produire. Tous les moyens mécaniques restent impuissants et il faut admettre que ces formes-là sont impossibles *plastiquement*, c'est-à-dire sans ruptures et duplicatures consécutives. Dans ce cas, l'intérêt des expériences réside dans le critérium qu'elles fournissent pour juger, ainsi que je le disais tout à l'heure, si les apparences observées sur le terrain correspondent à une possibilité — et par conséquent, sans doute, à la réalité — ou s'il faut voir les choses sous un autre angle.

Ce premier diagnostic posé, il y a lieu de recourir à une matière déchirable ou extensible, et de voir si les formes impossibles sans rupture ou laminage, le deviennent moyennant ces déformations. Si oui, on détermine le réseau de déchirures ou les variations d'épaisseur qui les rendent possibles.

Est-il nécessaire d'insister sur les services que peut rendre une expérience ainsi conduite, à notre science et à son enseignement ?

D'ailleurs, si la distinction des catégories ci-dessus peut avoir son intérêt, il ne me semble pas qu'elle doive conduire à une classification nouvelle des types de plissements.

Rapports avec les expériences antérieures. — Des essais de reproduction expérimentale des plissements ont été tentés, dès la fin du XVIIIme siècle, par Hall en Ecosse et par Buffon en France. L'expérience, restée classique, de Hall, consistait simplement à refouler, entre deux livres placés sur la tranche, des morceaux d'étoffes diverses empilées et maintenues par un troisième volume, reposant horizontalement sur les premiers [1]. Il obtenait de la sorte des plissements qui rappelaient en gros ceux connus de son temps dans les couches de montagne, et le même effet se produit spontanément dans la région axiale d'un rouleau d'étoffe. Plus tard, Alphonse

---

[1] *Transact. R. Soc. Edinburgh*, tome VII, 1813.

Favre [1], Daubrée [2] et Reyer [3] instituèrent des expériences plus savantes et plus compliquées.

Ces tentatives sont trop connues pour que j'aie besoin de les décrire à nouveau ; je me bornerai à noter les différences essentielles qu'elles présentent avec les miennes :

Etendue horizontale des plaques : Dans les expériences de Favre, la masse de terre glaise mise en œuvre avait, avant le refoulement, une longueur moyenne de 60 cm., tandis que sa largeur n'était que de 12 cm., soit $^1/_5$ de la longueur. Daubrée opérait sur des lames d'acier d'une longueur de 25 cm. et d'une largeur moyenne de 4 cm., soit moins de $^1/_6$ de la longueur. C'est-à-dire que, dans l'un ou l'autre cas, on avait affaire à de simples *bandes*, ce qui réduisait presque à néant l'influence, si grande en réalité, des *attaches latérales*. Aussi les expériences de Daubrée ont-elles donné des résultats, — très intéressants, à la vérité, — quant à la *coupe verticale* seulement. Les bandes de Favre, malgré leur faible largeur, révèlent déjà quelques particularités dans le *tracé horizontal* des plis, pourtant si courts, qu'elles renferment : La terminaison par *extinction*, la *ramification* et l'*interversion* dans le sens du déjettement y apparaissent. On pressent qu'avec un peu plus de largeur, le dessin horizontal deviendrait très intéressant. Or, ce point ayant repris, par les travaux de Suess, l'importance que lui attribuaient, — dans un sens différent, — Elie de Beaumont et de Chancourtois, je ne pouvais le négliger et c'est pourquoi j'ai opéré sur des plaques aussi larges que longues. Nous continuerons ainsi.

Je ne prétends pas, d'ailleurs, avoir atteint une perfection intrinsèque plus grande que Favre. Ce qui m'a déterminé à reprendre les expériences, c'est avant tout le fait que les progrès de la géologie alpine ont mis en question bien des formes tectoniques compliquées, insoupçonnées ou en tout cas non étudiées par lui et par Daubrée.

Les expériences de Reyer sont du plus haut intérêt. Elles ont porté sur différents côtés du problème tectonique ; un tiers seulement d'entre elles se rapproche du présent travail [4]. Chez lui, l'étendue

---

[1] *Archives des Sc. phys. et nat.*, t. LXII, juin 1878.
[2] *Etudes synthétiques de géologie expérimentale*, 1879.
[3] *Geologische und geographische Experimente*, I Heft, 1892.
[4] Le chapitre *Variation im Streichen*, p. 36 et suiv.

horizontale de la surface disloquée est plus considérable et prête souvent à des constatations suggestives [1].

Matière employée : Reyer, comme Favre, opère sur des complexes d'assises de nature, et par conséquent de résistance, très différente, parce que son principal souci est d'étudier les déformations internes, d'origine mécanique, de ces complexes. Mais la complexité même de la matière qu'il met en œuvre lui interdit la production de formes compliquées. Notre but, je l'ai dit, est précisément d'étudier et de contrôler au point de vue surtout géométrique, ces formes nouvellement découvertes, et la complexité des déformations à réaliser exige l'emploi d'une matière simple, d'un maniement facile comme le plomb.

Reyer emploie toujours des matières susceptibles de se fendiller [2], c'est que la combinaison des plis et des fentes le préoccupe beaucoup. Il semblerait presque que son attention soit appelée sur les cassures avant tout. Il leur fait jouer le rôle prépondérant dans la formation des cluses : « En pays plissé, dit-il, les cassures normales (à la direction des plis) tracent à l'érosion son chemin. Dans bien des cas, on peut prouver que les cluses occupent des régions hachées de failles transverses. L'érosion a beau jeu surtout là où les fentes furent béantes dès l'origine [3]. » C'est la « Spaltentheorie » des anciens géologues, combattue par Rütimeyer [4] et Heim [5].

Forchheimer [6], Cadell et Peach [7], de même que B. Willis, dans leurs expériences de ruptures avec chevauchements consécutifs, employaient, pour le même motif, le sable et le gypse en poudre.

Épaisseur des plaques : Daubrée opérait sur des lames relativement minces, dont l'épaisseur pouvait, dans certaines expériences, varier d'un point à un autre, de façon à déterminer des régions faibles

---

[1] Voir surtout le paragraphe *Seebildung in Faltgebirgen*, p. 45 et suiv. La longueur des couches allait de 0,5 à 1 et à 2 mètres (p. 5) ; il n'indique pas exactement leur largeur, ce que j'en dis est basé sur l'aspect des figures qu'il donne.

[2] C'est de l'argile et du gypse ; parfois il y intercale du papier ou de l'étoffe ; il lui arrive d'y superposer une couche de sable.

[3] Page 49.

[4] *Ueber Thal-und Seebildung*, 1869.

[5] *Mechanismus*, 1878.

[6] *Sanddruck*, 1883.

[7] *Nature*, vol. XXXVII, p. 489.

se disloquant de préférence aux autres. Favre et Reyer se servaient de couches qui, vu leurs dimensions horizontales, doivent être qualifiées d'épaisses. La puissance totale du système allait, chez Favre, de 2, 5 à 6 cm.[1] ; elle atteignait 10 cm. chez Reyer[2] et cette circonstance, jointe à la nature variée des assises superposées, faisait que les déformations obtenues affectaient très inégalement les divers horizons de la masse.

L'étude de cette inégale répartition des efforts et de leurs résultats était l'un des buts poursuivis par Reyer, et ce côté de ses études est fort intéressant. Mais s'il est facile de saisir l'allure d'ensemble de la couche superficielle, cela devient quasi impossible pour les autres, dont on ne voit que deux tranches. Chez Favre, tout se réduit presque à des exfoliations superficielles, sans écho en profondeur, et en fait de ruptures, il n'y a guère que le déchirement des sommets anticlinaux. Dans l'une et l'autre série d'expériences, il ne saurait être question de déterminer une forme totale et, si la recherche d'une telle figure peut être regardée comme entachée de « schématisme », elle trouvera son excuse dans la complexité des formes auxquelles nous l'appliquons, tandis que Favre comme Reyer se sont bornés à des formes plutôt massives, qui seraient simples sans les ruptures qui les accidentent.

II

L'enseignement

Utilité pédagogique des reliefs. — C'est surtout au point de vue de l'enseignement que le nouveau genre de reliefs me paraît avoir sur l'ancien un avantage décisif.

L'utilité pédagogique des nouveaux reliefs me semble double : Tout d'abord, ils font saisir, et en quelque sorte « sauter aux yeux », ce principe fondamental de la tectonique que, en pays plissé, les formes structurales proviennent du *ridement des couches*. Dans les

[1] *Op. cit.*, p. 199.
[2] *Op. cit.*, p. 17.

anciens reliefs, ces formes sont dues à la *sculpture d'une masse non littée;* cela aussi « saute aux yeux » et c'est une mauvaise « leçon de choses ».

Si la masse sculptée se composait d'*assises* alternativement dures et tendres, dont la résistance variable au burin se traduirait dans le profil des pentes, l'élève y découvrirait la relation qui *subordonne l'érosion* à la structure profonde. Mais il n'en est rien en général, de sorte que les anciens reliefs représentent uniquement le cas exceptionnel d'une *roche massive* sculptée par l'érosion, et cela malgré que soient peints sur leurs faces latérales les joints (Schichtfugen) d'un système censé stratifié. Dans ces modèles, il y a donc *contradiction* entre le dessin arbitrairement imposé à la surface, et la structure interne que la masse possède réellement.

Cela n'empêche pas les reliefs « ancien système », comme je me permets de les appeler, d'être, dans certains cas, des instruments très utiles : Ceux de M. Pearce, par exemple, avec leur *chapeau* représentant, sous forme matérielle, la région des « selles en l'air », donnent, — ce que nos reliefs en feuilles ne peuvent pas donner, — une notion claire de la différence entre la surface structurale et la surface topographique, plus une évaluation de ce que la montagne a déjà perdu par l'érosion. Les *stratoreliefs* de divers auteurs montrent, d'une façon intéressante, l'opposition, parfois très grande, du système actuel des cours d'eau avec celui qui correspondrait à la surface structurale. Enfin, il importe de ne pas confondre avec tous ces modèles les *stéréogrammes* imaginés par M. Lugeon [1]. Comme les nôtres, ces reliefs sont avant tout tectoniques ; la structure profonde y est conforme à la réalité, seule l'érosion y est schématisée et limitée dans ses effets, selon les besoins de la démonstration. S'ils sont démontables, — ce que j'ignore, — si, par exemple, les diverses nappes qu'ils figurent peuvent s'isoler pour montrer leur surface inférieure et l'accommodation de celle-ci au relief de leur substratum, ce sont des instruments pédagogiques de haute valeur.

Dans mon système, il suffit de convenir que la surface topographique est celle du modèle lui-même et de « décaper » par place la feuille de plomb, pour faire apparaître comme des *réalités tangibles*

---

[1] Voir le fac-similé qu'il en donne dans *Les grandes nappes de recouvrement* et dans *Les nappes de la Tatra.*

ces formes, dues à l'érosion, que nous appelons *fenêtres* et *massifs centraux.*

Les divers genres de reliefs ont leur utilité propre ; on se servira, suivant le cas, des uns ou des autres.

Un second point est celui-ci : Le dessin perspectif le meilleur ne réussit pas toujours à faire bien comprendre aux étudiants les formes tectoniques, et cela est vrai surtout pour les formes compliquées et gauchies que la géologie alpine a découvertes dans ces dernières années. Mais ces formes sont si intéressantes en elles-mêmes et à cause des problèmes que leur existence soulève, l'histoire de leur découverte est si riche en enseignements méthodiques, qu'il importe de rendre l'étude de ces formes — si difficile soit-elle — accessible à nos élèves d'universités. La représentation plastique est ici un adjuvant inappréciable, mais les anciens reliefs en plâtre ne montrent les formes tectoniques qu'en coupe et surtout, je le répète, ils ne donnent pas l'*impression* qu'elles résultent du plissement des strates. Les reliefs en feuilles ont, à ce point de vue, une efficacité beaucoup plus grande, ainsi que je l'ai remarqué dès que j'eus commencé à m'en servir, dans mon enseignement. Leur principal avantage est de présenter une couche unique, isolée dans l'espace. L'élève peut la palper sur toutes les faces, la retourner en tous sens, et cela facilite énormément pour lui la *conception plastique* (die räumliche Anschauung). Les bords de la plaque donnent toujours la coupe correspondant aux bossellements superficiels et, de cet ensemble que l'œil embrasse à la fois, résulte une *impression de plissement* que rien d'autre ne saurait donner. (Voyez, p. ex., la fig. 1.)

Emploi des reliefs : Après avoir contemplé, au cours de tectonique, les modèles que je leur présente, mes élèves se mettent, au laboratoire, à les *dessiner* de différents points de vue, à en dresser des profils et des cartes. Le dessin perspectif étant presque entièrement négligé dans les collèges, nos élèves n'y sont point habitués [1] et cet exercice vient à point combler une lacune inadmissible chez un futur naturaliste. On peut en dire autant de la représentation par courbes de niveau des formes, souvent compliquées, du relief.

On passe ensuite à la *confection* de reliefs analogues. Rien ne

[1] Voir ce que j'en dis, dans mes *Questions d'enseignement secondaire*, tome I, p. 274.

vaut le modelage pour faire réellement connaissance avec les formes plastiques, mais la confection de reliefs en plâtre est trop longue, trop compliquée, pour pouvoir devenir un « exercice » courant. Avec le plomb, il n'y a point de difficulté. Pour chaque cas, nous cherchons dans les monographies les formes qu'on *suppose* exister et nous essayons de les réaliser en froissant une feuille de plomb. Ce faisant, nous nous rendons compte du mécanisme par lequel chaque forme prend naissance et des particularités qui accompagnent son apparition (formes concomitantes, etc.). Nous nous familiarisons tellement avec les formes les plus compliquées que, dans la suite, il nous sera aisé de les imaginer pour rendre compte de ce que nous verrons sur le terrain ou déduirons des cartes. Enfin, nous apprenons à juger des difficultés, voire des impossibilités, auxquelles se heurtent certaines suppositions tectoniques. La matière employée est peu coûteuse, la technique de l'opération très simple, le profit pédagogique considérable.

Exemples de reliefs pédagogiques. — Les modèles de ce groupe ne résultent pas d'expériences tentées en vue de résoudre le problème de la possibilité de formes compliquées. Ils représentent des conditions de gisement relativement simples et, dans la classification établie précédemment, ils se rangeraient parmi les types aisément réalisables.

Quelqu'élémentaires qu'elles puissent paraître au tectonicien exercé, il y a, néanmoins, des formes que les commençants ont beaucoup de peine à se représenter dans l'espace. Pour les leur faire comprendre, il est donc utile de les modeler. Me basant sur le programme pédagogique que je viens d'esquisser, je dirai en quelques mots le parti qu'on peut tirer de ces « reliefs », pour enseigner le mécanisme de la formation des plis, pour initier la vue et le toucher aux apparences géoplastiques, ou même, dans certains cas, pour illustrer d'autres théories encore.

Un pli couché (fig. 2) : Ce genre de dislocation est trop fréquent pour qu'il soit nécessaire d'en apporter des exemples, trop connu pour qu'il faille le décrire à nouveau.

Ce qu'il y a d'essentiel à faire bien comprendre, dans cette forme, ce sont les rapports de position entre les couches profondes, constituant l'ossature du pli, et les assises superficielles, qui en forment le revêtement ou la carapace. Mon modèle se compose, dans ce but,

2

de deux systèmes stratigraphiques : le plus ancien est constitué par une feuille de plomb épais et de couleur grise, le plus récent par un morceau de drap rouge, qu'on peut déplacer à volonté.

La simple inspection du « relief » fait sauter aux yeux l'interversion que l'ordre de superposition des assises, normal dans les flancs supérieur et inférieur, subit dans le flanc médian. L'impression qui en résulte, pour le spectateur non initié, est celle d'un *renversement* qui amène des couches anciennes à reposer sur de plus récentes :

A la Dent de Morcles, par exemple, on voit la série crétacée, retournée, recouvrir le nummulitique et le flysch [1]. — Au Simplon, le gneiss d'Antigorio surmonte les schistes lustrés, par l'intermédiaire d'une mince bande triasique [2]. — Tel est le recouvrement du terrain crétacé par les roches granitiques, entre Meissen et Zittau, en Saxe, sur une longueur de plus de 120 kilomètres. — Telle, encore, la superposition du calcaire carbonifère et des couches dévoniennes sur la partie moyenne du terrain houiller proprement dit, superposition qui a été reconnue dans le nord de la France et en Belgique [3]. — Le gîte cuivreux du Rammelsberg, au Harz, interstratifié aux schistes de Goslar, du dévonien supérieur, est recouvert par les schistes à calcéoles, du dévonien moyen, et par la grauwacke à spirifères, du dévonien inférieur [4]. — Au centre des Montagnes-Rocheuses, le cambrien surmonte le crétacé, sur 11 kilomètres de longueur. — Dans l'Himalaya, les schistes cristallins recouvrent un massif tertiaire [5].

Il suffit, également, de regarder le modèle pour voir et pour comprendre tout de suite le *doublement* des couches récentes, dans la charnière synclinale, et celui des anciennes, dans le noyau anticlinal. Ces observations, si importantes pour la géologie appliquée, seront coordonnées par l'établissement d'un « registre de sondage », le foreur étant censé recouper les trois flancs du pli couché. On montrera, en s'aidant d'exemples trop faciles à trouver, hélas ! les mécomptes que peut occasionner la rencontre d'un pli couché insoupçonné, sur le trajet d'un forage destiné à atteindre le mur du flanc inférieur.

---

[1] *Livret-Guide géologique* de Suisse (1894), p. 222.

[2] *Ibidem*, pl. X, profil 5, par M. SCHARDT.

[3] DAUBRÉE, *Géologie expérimentale*, p. 342.

[4] R. DE GIRARD, *Journal de voyage* de l'Ecole des Mines de Paris, 1889.

[5] M. BERTRAND, *C. R. A. S.*, 14 mai 1888. — Haton, *Exploitation des Mines*, I, 8.

Le modèle étant déformable à volonté, on reproduira aisément la série des types qui conduit du pli droit, par le « genou » et le pli couché, au pli-faille, au chevauchement et à la nappe.

Une fenêtre (fig. 3) : Pour caractériser les cicatrices assez improprement désignées par ce terme [1], il est nécessaire également de figurer deux systèmes d'assises, d'âge différent.

La nécessité de maintenir l'étoffe en place m'a conduit à lui faire représenter, ici, les couches anciennes, tandis que le plomb figure les récentes. — J'ai ouvert, dans celles-ci, une large trouée qui suit les régions culminantes du flanc supérieur (ou carapace) d'un pli-nappe, très déjeté et serré à la gorge.

On expliquera les motifs pour lesquels l'érosion — à qui est due la « fenêtre » — s'attaque aux régions élevées du pli, plutôt qu'au synclinal qui le précède. On fera observer que l'extrémité postérieure du pli couché, beaucoup plus élevée au-dessus du socle que l'antérieure, a souffert de la dénudation dans une bien plus large mesure et que la « boutonnière » se referme, là où le pli redescend aux basses altitudes.

On citera quelques exemples de « fenêtres » [2] et on rappellera que l'inclinaison des plis, dans le sens de leur longueur, a été observée sur plusieurs points, notamment par M. Etienne Ritter, dans ses belles études sur le Mont-Blanc :

« Le Mont-Joly, dit-il [3], est formé par l'empilement de six plis anticlinaux couchés et, par suite de leur inclinaison générale au nord-est, les trois plis inférieurs disparaissaient en profondeur sur les rives de l'Arve. »

Et plus loin : « Un synclinal, suite du synclinal couché sur lequel

---

[1] Pour tout le monde, une « fenêtre » est une ouverture pratiquée dans une closion *verticale*. La technique possède, et depuis longtemps, le terme de « regard », pour désigner les trouées par lesquelles on accède, *de haut en bas*, dans un égout, par exemple. Il est certain, cependant, que ce terme ne saurait être substitué, en géologie, à celui de fenêtre, sans inconvénient, à cause de son identité avec le « regard » d'une faille, ce qui est tout autre chose.

[2] Celle du Prätigau, décrite par M. Lugeon (*Les grandes nappes*, p. 802) ; celles de la Basse-Provence (M. BERTRAND, *Livret-Guide de France*, XX, 20 à 36) ; ou enfin la « Fenêtre du sel », à Hallstadt (GIRARD, *Journal de voyage*, *loc. cit.*).

[3] *La bordure sud-ouest du Mont-Blanc* (Bull. serv. Cart. géol. de France, N° 60, p. 167.)

repose l'anticlinal inférieur d'Arpenaz, se manifeste à une altitude de plus de 1,000 mètres, tandis qu'à 4 kilomètres à l'est, sous l'anticlinal couché inférieur d'Arpenaz, il est au niveau de la vallée de l'Arve (530 m.) ; on peut donc juger combien *les axes des plis couchés sont inclinés fortement à l'est* [1]. »

Massifs centraux (fig. 4) : Ce sont, comme le dit si bien M. Kilian [2], des régions où la surélévation des axes anticlinaux a permis à l'érosion de décaper et de mettre à nu le substratum cristallin, de sorte qu'il apparaît au milieu des sédiments. C'est à Heim que revient l'honneur d'avoir montré que les massifs centraux ne sont que des cicatrices d'érosion [3].

Dans mon relief, on voit bien que la crête anticlinale s'élevait, au milieu de la longueur du pli, à une altitude plus grande qu'à ses extrémités. Mais l'ombre du pli, ayant la même largeur partout, indique qu'actuellement sa hauteur est constante. Si donc le cristallin (figuré par une étoffe rouge dont j'ai bourré l'intérieur du relief) vient au jour sur deux points du même faîte anticlinal, et dans les deux cas, à partir d'un même niveau au-dessus du socle, c'est que l'érosion, agissant comme un rabot horizontal, a enlevé la couverture sédimentaire (représentée par la feuille de plomb), jusqu'à ce niveau, partout le même à un instant donné. Pour un même climat, l'érosion est donc fonction de l'altitude.

Cela saute aux yeux, d'autant mieux que la tranche redressée du plomb apparaît sur le pourtour des cicatrices. On comprend alors que de telles apparences aient pu être prises pour des « cratères de soulèvement », mais, on ne tarde pas à revenir de cette erreur en constatant que les massifs centraux ont pour prolongements leur plaquage sédimentaire refermé en anticlinal [4].

Il est facile d'imaginer ce qui arriverait dans le cas où une scie verticale entamerait les plis du relief sur une épaisseur plus grande que celle du plomb : le bourrage figurant le cristallin apparaîtrait sur les flancs de la coupure, comme apparaît, dans la cluse du Rhône,

[1] *La bordure sud-ouest du Mont-Blanc* (Bull. serv. Cart. géol. de France, No 60, p. 215.

[2] *Les Alpes du Dauphiné* (Livret-Guide de France, XIII a), p. 8.

[3] *Mechanismus der Gebirgsbildung*, II, 209.

[4] « Grosse Falten und Centralmassive vertreten sich ». (HEIM, *Mechanismus*, II, 178.)

le gneiss qui joignait naguère les Aiguilles-Rouges et Arpille au substratum de la Dent de Morcles.

Un peu moins élémentaire, dans ses conséquences en tout cas, est l'observation qu'on peut faire sur le bord gauche du modèle : les plis s'abaissent à son voisinage, mais il les coupe presque tous avant qu'ils aient pu s'ennoyer. Par conséquent le bourrage réapparaît ; c'est le phénomène de tout à l'heure, mais reporté vers l'extrémité des anticlinaux. Pour peu que l'entaille soit profonde, elle traversera le cristallin et atteindra les batholites granitiques que celui-ci renferme dans ses concavités inférieures. Plusieurs de nos massifs centraux ont eu leurs extrémités écorchées de la sorte : Les affleurements diorito-granitiques de Beaufort et de Valorcine, à la bordure du Mont-Blanc ; ceux de Gastern et du Tödi, aux bouts du massif de l'Aar ; celui du Saashorn, vers l'extrémité occidentale du Gothard, n'ont pas d'autre origine.

Dans tout ceci, le relief ne donne qu'une « leçon de choses », mais ceux qui enseignent ne la trouveront peut-être pas inutile. On en peut d'ailleurs tirer davantage : l'intensité du plissement, et par conséquent l'inclinaison des jambages anticlinaux, y est la même, à peu de choses près, pour tous les plis. Cela étant, le modèle fait voir immédiatement le rapport qu'il y a entre la largeur de la base d'un pli et la hauteur que celui-ci devait posséder avant l'érosion. M. Schmidt [1] fait remarquer que le maximum d'altitude tectonique des Alpes — reconnaissable à un maximum de dénudation — a dû se trouver sur la ligne Altdorf-Locarno. Or, c'est la surrection du massif du Gothard, divisant le synclinal briançonnais et s'interposant entre les dômes cristallins de l'Aar et du Tessin, qui vient élargir localement la base de la chaîne et, comme conséquence, déterminer ici un maximum d'altitude structurale.

Partant de là, si on voit dans les schistes lustrés un « flysch » produit par l'érosion de la chaîne, dès après le ridement hercynien [2], on comprendra que — le travail de destruction ayant duré plus longtemps là où la chaîne était plus élevée — la formation des calcschistes, terminée ailleurs à la fin du keuper, ait continué pen-

---

[1] *Bild und Bau der Schweizeralpen*, p. 77.

[2] C'est Marcel Bertrand qui, le premier, je crois, a émis cette idée (*Etudes dans les Alpes françaises*, 1894, p. 161).

dant le lias, dans les Alpes centrales. Et cet exemple montre que les « reliefs » peuvent servir même à l'enseignement de la stratigraphie, dans les cas fréquents où celle-ci est déterminée par la tectonique.

III

Reliefs-cartes

Les reliefs dont il a été question jusqu'ici — et dont nous donnerons dans la suite de nombreux exemples — ne représentant chacun que le schéma d'un type de plissement, ne portent jamais que sur une portion très limitée de la lithosphère. Or il était intéressant de voir si le procédé est susceptible de s'étendre à des régions plus vastes, tout en gardant *une exactitude suffisante dans les proportions* pour reproduire la surface structurale d'une contrée donnée.

L'étendue de la plaque nécessaire à une telle imitation, le grand nombre des plis qui devraient s'y produire côte à côte, allaient — on pouvait le prévoir — mettre en jeu, plus que dans tous les cas précédents, l'influence des attaches latérales et il fallait voir si ces actions paralyseraient le modelage ou si, au contraire, elles lui viendraient en aide.

Ma première tentative a porté sur le *Horst armoricain* (fig. 6). J'ai essayé de le produire en plissant avec les doigts une feuille de plomb de $^3/_4$ de millimètre. Comme modèle, j'avais sous les yeux la carte géologique de la France au millionième. Mon relief est devenu un peu plus grand, mais dans tous les sens également, de sorte que les proportions ne sont pas perdues. Une fois le plissement terminé, ou plus ou moins au fur et à mesure de sa réalisation, le littoral maritime a été découpé avec des ciseaux, certaines baies comme celles de la Forest ou de Quiberon, celles de Saint-Brieuc ou de Saint-Malo, interrompant le parcours des plis. Là où ceux-ci atteignent la mer, on n'a pas cherché à déprimer leur extrémité : leur coupe apparaît comme cela se produit en réalité dans les caps qui alternent avec des *rias*.

Tous les anticlinaux indiqués par la carte se retrouvent dans mon relief. Je me suis efforcé de leur donner l'étendue marquée par

les traînées granitiques et on constatera que j'y ai réussi, à bien peu
de choses près, même pour ceux dont le parcours est sinueux. Pour
le bassin central et la région de l'est, j'ai fait entrer en ligne les ondulations marquées par les affleurements cambriens, mais en les tenant
assez basses pour que ce terrain pût être censé y manquer. De la
sorte, la surface du relief tout entière représente celle du
cristallin.

La hauteur que chaque pli prenait spontanément entre mes doigts
était en raison de la largeur que je lui donnais volontairement. Il se
trouve donc que les plis du relief sont d'autant plus hauts que leur
remplissage granitique occupe, sur la carte, un espace plus large.
Or, abstraction faite de l'érosion, cela est conforme à la réalité, et
cela prouve, une fois de plus, que le plissement d'une feuille mince
imite adéquatement la genèse des surfaces structurales.

Le recouvrement du granit est constitué par le cristallin (sauf
les cas d'intrusion, dont je n'avais pas à tenir compte). La surface
de contact du granit et du gneiss n'a pas été déformée par l'érosion,
puisqu'on admet en général que le granit n'est pas venu au jour et
que ses affleurements proviennent uniquement de l'érosion de sa
couverture. Dès lors, les concavités inférieures du relief figurent les
batholites granitiques et sa surface peut être censée correspondre à
la surface structurale du cristallin, ainsi que je le disais tout à
l'heure.

Tout à fait analogues aux caps d'une côte à rias sont les anticlinaux que le horst projette, du côté de l'est, dans la bordure du
Bassin de Paris. Ils ont été traités de même et leur coupe apparaît
au bord du relief, comme elle affleurerait sur les failles bordières, si
un affaissement du bassin oriental mettait à nu la falaise tectonique.

Le relief est donc vrai au point de vue géologique. On admettra,
je pense, que son exactitude géographique est suffisante, et on con-
viendra que ce genre de représentation est très propre à faire saisir
à un auditoire les grands traits d'une description tectonique.

Dans une seconde tentative, j'ai essayé de reproduire *le Plateau-
Central* français (fig. 7). Le mode de confection a été le même et j'ai
supposé ce horst hercynien isolé des fosses sédimentaires qui l'entourent. Les bords de la feuille de plomb sont les limites du horst et,
comme ces dernières, ils proviennent de coupures postérieures au
ridement.

Les petits cônes, nés d'une poussée exercée de bas en haut et percés au sommet, représentent les montagnes volcaniques. Ce mode de génération a été choisi comme donnant seul les apparences voulues ; il ne fait pas allusion aux « cratères de soulèvement »[1]. J'en couvre les surfaces volcaniques, sans garantir leur nombre.

L'intensité de l'érosion m'a forcé à me baser principalement sur les synclinaux. Dans l'ouest, elle a, sur plus d'un point, coupé leurs parcours ; il en résulte un dessin confus, dans le relief comme sur la carte, et cette confusion est accrue par la superposition de deux systèmes, celui des synclinaux cristallins et celui des cuvettes houillères, qui ne coïncident que localement. Ce tronçonnement a été moins intense dans l'est, et le tracé des directrices y est beaucoup plus net.

Le relief montre bien le rôle joué par le synclinal houiller de Noyant. Il semble, en effet, résulter des recherches récentes que ce « chenal houiller » de la haute Dordogne (Mouret, Fayol) ne coïncide pas, comme Suess le pensait, avec un synclinal varisque[2]. Le relief montre, mieux encore que la carte, que le rebroussement des plis et leur passage de la direction varisque (N.-E.-S.-W.) à l'armoricaine (S.-E.-N.-W.) se fait sur le cours de la Loire ou sur celui de l'Allier. Pour les cinq plis qui traversent l'éperon du Forez, on retrouve même facilement sur le relief les travées qui se correspondent de part et d'autre. Le sillon de Noyant court transversalement aux synclinaux armoricains, comme un fossé collecteur.

On remarque, en outre, que les plis venant de l'W., s'arrêtent par *extinction* à la rencontre de ce sillon. Or, la carte justifie ce phénomène spontané. A Montmarault, les micaschistes apparaissent et, à partir de Pontaumur, ils encaissent le chenal houiller, d'une façon presque continue jusqu'à Decazeville. A droite et à gauche réapparaissent le gneiss ou le granit ; il y a, bien réellement, sur cette ligne, un minimum d'altitude structurale. Il coïncide avec une concordance locale des deux systèmes de synclinaux.

Le relief indique une dépression entre le Cantal et l'Aubrac, de telle sorte que les cônes du premier groupe sont superposés à un

---

[1] Sur leur alignement et le rôle qu'y ont joué les dislocations alpines, voir MICHEL LÉVY, *Livret-Guide de France.*

[2] *La face de la terre* (trad. de l'Antlitz), tome II, p. 184 ; voir note 2.

pli N.-S., tandis que ceux du second ont pour base une ride varisque. Ici encore, la carte apporte justification, car une bande de micaschistes se glisse, en longeant la Truyère, entre les gneiss de Pinols et le granit de la Margeride. Cette dépression, à orientation varisque, recoupe le sillon de Noyant au S.-W. du Cantal, dans la grande zone de micaschistes de Montsalvy, puis se prolonge, avec une direction armoricaine, jusqu'à Bourganeuf. Elle joue le rôle de *sillon de rebroussement* [1], sur la ligne Montsalvy-Montbrison.

Quant aux plis morvandiots, leur direction se rapproche de plus en plus des parallèles, ce qui est conforme à la loi énoncée par Suess : dans une *Schaarung*, le rebroussement des bandes externes est moins marqué que celui des régions profondes.

En résumé, on constate que les particularités de structure dues au rebroussement des plis, dans cette région si compliquée qui renferme la *Schaarung de l'Europe centrale*, ont pu toutes être reproduites dans le relief et que, parfois même, elles y sont nées spontanément. C'est, d'une manière générale, la preuve que le procédé est apte aux représentations tectoniques. Quant aux cas du dernier genre, ils rentrent dans la catégorie des *formes concomitantes* et il faut en rapprocher celui qui, dans le relief de l'Armorique, a fait naître, en arrière de la presqu'île de Crozon et de la rade de Brest, une saillie fortuite, laquelle se trouve correspondre au seuil paléozoïque qui s'interpose entre la mer et le bassin de Carhaix.

Une remarque, pour terminer : Si on part de l'idée que ce sont les plissements formés par le cristallin à l'époque de la dislocation huronienne qui ont déterminé tout d'abord les bassins de sédimentation, on devra conclure que tout ridement ultérieur subi par l'archéen a eu pour conséquence de froisser les assises sédimentaires formées dans les synclinaux huroniens. C'est-à-dire que les plis du cristallin sont nécessairement plus simples que ceux des sédiments anciens en contact avec lui.

Or, je l'ai dit, la surface de mes reliefs représente celle du cristallin : d'où la simplicité, l'envergure de leurs plis. Mais il est intéressant de se rendre compte du degré de froissement que présenteraient les assises paléozoïques pincées dans les synclinaux de nos deux horst, si elles étaient représentées, elles aussi, par une feuille de plomb.

---

[1] Voir, ci-dessous, les expériences de rebroussement des plis.

Les coupes données par M. Ch. Barrois, dans sa description de la
Bretagne [1], sont, par rapport à mon relief, dans une position qui ne
prête pas à cette recherche ; par contre, la coupe que Bergeron donne
du dôme de Roquebrun [2] va nous permettre quelques remarques
intéressantes :

Ce dôme se décompose en cinq plis, dont trois anticlinaux, qui,
en tenant compte de l'épaisseur propre à l'assise supérieure (grès
à *Lingula Lesueuri*, de l'Ordovicien), soit dans le dessin $3^m\!/_m 5$, occupent dans la coupe une largeur de 46 $^m\!/_m$. Le diamètre extérieur
moyen d'un pli est donc de $9^m\!/_m 2$ et le rapport de ce diamètre à l'épaisseur de l'assise plissée prise comme type, vaut 2,63 (disons 3). Cette
valeur est faible ; en effet, le minimum de ce rapport est 2, la largeur
d'un pli ne pouvant s'abaisser au-dessous du double de l'épaisseur
de la couche ; il faut déjà pour cela que les deux flancs se touchent.
C'est dire que le plissement considéré est très intense ; en effet, la
coupe montre des synclinaux entièrement fermés.

Dans le relief, le socle cristallin du dôme de Roquebrun a 15 $^m\!/_m$.
de largeur, ce qui donne à chacun des cinq plis qu'il devrait supporter
3 $^m\!/_m$ de diamètre extérieur moyen. L'épaisseur de la feuille de plomb
étant supposée toujours de $0^m\!/_m 75$, le rapport ci-dessus s'élève à 4.

Notons d'abord que le plissement indiqué par la coupe de M. Bergeron, quoique intense, est réalisable avec mes feuilles de plomb.
Il pourrait même être poussé plus loin, car les plis peuvent être complètement écrasés, et par conséquent le rapport 2 atteint, non seulement avec des feuilles de $0^m\!/_m 75$, mais même — en y mettant la force
voulue — avec des plaques de 2 $^m\!/_m$ d'épaisseur. La seule condition
est que les plis à former le soient dans le bord de la feuille. S'il s'agissait de les créer dans son milieu, ce serait très difficile, mais la difficulté
viendrait uniquement de l'embarras où l'opérateur serait pour agir
à cette distance.

Les chiffres ci-dessus — se rapportant au cas particulier —
montrent que, relativement aux plis formés, une feuille de plomb
de $0^m\!/_m 75$ est moins épaisse que les assises rocheuses, cela dans le
rapport de $^1\!/_4$ à $^1\!/_3$, soit de 3 à 4 environ. Pour représenter exactement ces assises, le plomb devrait avoir 1 $^m\!/_m$ d'épaisseur. Et, avec

---

[1] *Livret-Guide géologique de France*, tome VII.
[2] Le massif de la Montagne Noire, *Livret-Guide*, tome XVIII, p. 26.

cette épaisseur de 1 $\frac{m}{m}$, il devrait former cinq plis de 3 $\frac{m}{m}$ de diamètre, sur l'emplacement du dôme de Roquebrun. Tel serait — d'après un cas particulier, il est vrai, mais dont les proportions peuvent, sans inconvénient, être généralisées, puisque l'échelle des deux reliefs est sensiblement la même — le degré de froissement du paléozoïque dans ces reliefs.

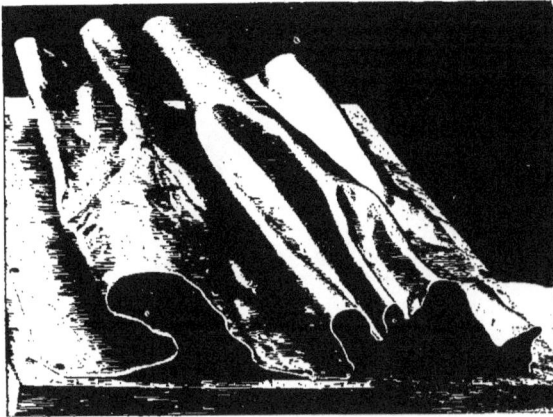

Fig. 1. — Plis couchés ramifiés.

PREMIÈRE SÉRIE D'EXPÉRIENCES

PAR

Le Professeur R. de Girard

I

Massifs amygdaloïdes

OBSERVATIONS SUR LE TERRAIN

Le plus souvent, c'est une lentille interposée dans le réseau des plis, une « amande anticlinale isolée au milieu d'une dépression syncline ». On connaît les exemples de cette disposition relevés par Marcel Bertrand, dans les Alpes françaises : massifs de l'Aiguille du Midi et du Mont-Pourri, Vanoise, plis d'Hautecour, Mercantour, Mont-Blanc, Petit Mont-Cenis, Grand-Paradis, et soupçonnés par lui ailleurs encore : massif de Spa, dans l'Ardenne, Boulonnais, Pays de Bray [1]. Le Pelvoux, les Grandes Rousses avec Belledonne, les Aiguilles Rouges, ont la même structure [2].

EXPÉRIENCES

Ce qui caractérise les amandes anticlinales, c'est leur peu de longueur et on pouvait se demander si un ennoyage à si brève échéance, forçant les assises à deux doubles courbures rapprochées, serait possible sans étirement ni rupture. M. Marcel Bertrand était porté à en douter [3], mais l'expérience a prouvé que, à la condition de lui

---

[1] *Etudes dans les Alpes françaises*, p. 92, 97, 114, 115.
[2] DE LAPPARENT, *Traité de Géologie*, 5me éd., p. 1867.
[3] *Loc. cit.*, p. 157.

permettre, à titre de « formes concomitantes », certains froissements secondaires vers les extrémités de la cuvette synclinale, une feuille de plomb peut prendre l'allure demandée sous la simple pression des doigts, effort bien trop faible pour laminer, et à plus forte raison, déchirer cette feuille. M. Bertrand insiste à plusieurs reprises sur la sinuosité des plis qui entourent les massifs amygdaloïdes et la tendance de ces plis à s'écraser [1]. Or mon « relief » (fig. 5) montre, dans son pli bordier nord, un déjettement qui a pour conséquence de rapprocher les jambages, c'est-à-dire d'écraser le pli. L'anticlinal sud n'est pas déjeté, mais il est nettement sinueux ; or, toutes ces particularités s'étant produites spontanément, on est en droit de conclure que la feuille de plomb met au ridement par mes doigts les mêmes conditions que les assises rocheuses au plissement orogénique. Quant à l'écrasement des rides, dans leurs parties sinueuses, nous verrons plus loin qu'il est une condition même de leur sinuosité.

Les massifs amygdaloïdes ne sont pas tous des dômes : il y en a, au contraire, dont l'amande est un *synclinal* court, tels la Grande-Sassière et le Mont-Jovet [2]. La même feuille de plomb donne cette forme nouvelle, à la seule condition qu'on la retourne. Ce sont donc les mêmes efforts qui la produisent et, si on tient à l'idée que les plissements ont pour cause première la gravité, il suffit de placer le centre attractif de l'autre côté de la feuille [3].

---

[1] Voyez notamment, *loc. cit.*, p. 100 : « écrasement des plis autour des noyaux, ou plus généralement, dans toutes leurs parties sinueuses ».

[2] BERTRAND, *op. cit.*, p. 96 et 115.

[3] Je note, pour mémoire seulement, qu'en 1905 déjà, j'ai fait deux modèles d'*amygdaloïdes sinueux*. Mais je m'abstiens de tout commentaire à leur sujet, cette forme devant être étudiée à fond, dans la seconde *Série* de nos Recherches. (Voir ici, la fig. 16).

II

Passage du monoclinal à l'éventail

OBSERVATIONS SUR LE TERRAIN

« Entre le village de Courmayeur et le Mont-Blanc, dit M. Etienne Ritter [1], se trouve un synclinal formé par les couches du lias ; ce synclinal est presque toujours couché contre le Mont-Blanc, et ce n'est que localement que son flanc normal s'enfonce légèrement sous les schistes cristallins de ce massif, en lui donnant l'apparence d'un massif en éventail. Au contraire, dans toute la partie que j'ai étudiée, *le synclinal de Courmayeur, aussi bien que celui de Chamounix et les nombreux plis intermédiaires, sont tous plus ou moins déjetés au nord.* »

« Dans les massifs du Saint-Gothard, du Mont-Blanc et de Belledonne, dit aussi Marcel Bertrand [2], on avait signalé la structure en éventail, sans remarquer assez qu'elle est *accidentelle*, c'est-à-dire que, si l'on peut donner une coupe de ces massifs qui mette cette structure en évidence, on en pourrait donner d'autres parallèles où elle fait défaut. »

M. Haug [3] apporte une observation du même genre, lorsqu'il dit : « La zone houillère est par excellence un faisceau anticlinal ; dans les parties de la Tarantaise et de la Maurienne qu'elle traverse, les plis qui la constituent sont disposés en éventail composé ; au sud de Briançon, cette disposition se modifie, les plis deviennent isoclinaux, sont déversés vers l'Italie, et la zone houillère tend à se confondre avec la zone des Aiguilles d'Arves. »

Et M. Termier résume l'ensemble des constatations faites par

---

[1] La bordure sud-ouest du Mont-Blanc, *Bulletin des services de la Carte géologique de la France*, tome IX, p. 133.

[2] Etudes dans les Alpes françaises (*Bull. de la Soc. géol. de France*), 3e série, tome XXII, p. 112.

[3] Les lignes directrices de la chaîne des Alpes, *Annales de géographie*, t. V, p. 170.

cette déclaration catégorique [1] : « Tout le faisceau des plis alpins est déversé vers l'extérieur de la chaîne des Alpes. Pas plus que les Grandes-Rousses, et pas plus que le Mont-Blanc, le Pelvoux ne présente la structure en éventail. Ce n'est que localement, en face de Courmayeur, que le massif du Mont-Blanc présente la structure en éventail. Les coupes de la partie Nord (Favre) et celles de la partie Sud (Bertrand et Ritter) montrent une structure isoclinale, avec déversement vers l'extérieur de la chaîne. *Dans son ensemble*, le massif est isoclinal et non en éventail. »

EXPÉRIENCES

Il est donc avéré qu'un même massif peut présenter, sur deux coupes naturelles et parallèles, la structure monoclinale et la disposition en anticlinal serré à la base, qu'on désigne sous le nom d'éventail. Mais les observations faites à la surface, dans l'intervalle des deux coupes — à supposer qu'il soit possible d'en faire à cet endroit — ne nous ont pas appris si la modification se produit plastiquement ou à l'aide de déchirures. Il était donc intéressant de rechercher si la déformation dont il s'agit *est possible* sans ruptures, et l'expérience a prouvé que oui (fig. 8). Cela ne veut pas dire qu'elle ne puisse pas s'accompagner de fissuration, et nous referons l'expérience avec une matière déchirable, afin d'étudier le réseau que les cassures forment dans ce cas-là.

D'autre part, il est évident que la contemplation du relief aidera les débutants à comprendre cette dislocation, déjà compliquée. Son bord droit présente la coupe en éventail, tandis que celui-ci devient un pli couché, et finalement s'ennoye, avant d'atteindre le bord gauche.

[1] Sur la tectonique du massif du Pelvoux, *Bull. Soc. géol. Fr.*, t. XXIV, p. 751.

III

Interversion dans le déjettement

OBSERVATIONS SUR LE TERRAIN

Les Alpes françaises ont montré à M. Bertrand [1] plus d'un point où *« les plis ne sont pas couchés dans un sens uniforme*, la plupart, il est vrai, le sont vers l'Italie ; mais un certain nombre le sont en sens inverse, ou du moins pour quelques-uns, *l'inclinaison change de sens le long d'un même pli* ». Les massifs de l'Aiguille du Midi et de la Vanoise lui ont fourni d'abord cette constatation qu'il a pu renouveler ailleurs. Ainsi, dit-il, « si l'on suit la bande permo-houillère sur la rive droite de l'Isère, on voit rapidement le contact du permohouiller et du trias se relever jusqu'à la verticale, puis s'incliner en sens inverse vers la Sassière. A partir d'Orsière, des bancs de calcaires phylliteux s'intercalent entre les deux formations. Ce pli, comme le pli contigu qui entoure le massif du Mont-Pourri, se couche donc alternativement dans un sens et dans l'autre ».

Enfin M. Termier [2] donne un exemple frappant d'interversion dans le plongement, combinée avec un parcours sinueux : « Le synclinal de la Lauze, dit-il, dirigé nord-sud et à peu près vertical au col de la Lauze, prend peu à peu, quand on le suit vers la Grave, la direction du nord-est ; et, en même temps, il se couche vers le nord-ouest, graduellement, jusqu'à atteindre, au pied des Enfetchores, l'horizontalité. Quand on le suit plus loin, sous le glacier de Tabuchet et sous le Pic-de-l'Homme, on le voit peu à peu se redresser. En face du Villard-d'Arène il est sensiblement vertical et à peu près est-ouest, mais, à la traversée de la Romanche, ce pli tourne brusquement d'environ 135°, de façon à prendre la direction nord-ouest qui est la direction générale des plis de la vallée de l'Alpe. Il se déverse alors vers le sud-ouest. »

---

[1] *Etudes*, p. 92 et 104.
[2] *Tectonique du Pelvoux*, p. 744.

EXPÉRIENCES

Il s'agit ici d'une dislocation très intense, d'une torsion de la région axiale, et de nouveau on pouvait se demander si la chose est possible *géométriquement*, c'est-à-dire sans ruptures. Le modèle que j'ai réalisé (fig. 9) prouve que oui et sert à le démontrer, tout en facilitant l'intelligence d'une « plastique » aussi compliquée. Mais, ici encore, il y aura lieu d'opérer avec une couche déchirable et on peut s'attendre à obtenir un réseau de cassures très intéressant.

IV

Inflexions de l'axe des plis

OBSERVATIONS SUR LE TERRAIN

Une disposition très générale, dans les systèmes hydrographiques du versant externe des Alpes, dit M. Lugeon [1], consiste en ce que les cours d'eau, après un parcours plus ou moins long, sortent de la chaîne, à angle droit, par une vallée transversale. Tel est le cas de l'Enns, de la Salzach, de l'Inn, dans les Alpes orientales ; du Rhin, de la Reuss, du Rhône, de l'Arve, de l'Isère, du Drac, dans les Alpes suisses et françaises.

L'exemple le plus frappant, peut-être, de ce phénomène, c'est la vallée du Rhône, entre Martigny et le Léman. Elle coupe transversalement un massif cristallin, prolongement des Aiguilles-Rouges, les Hautes-Alpes calcaires et les Préalpes romandes. Or, d'après M. Lugeon, l'étude des plis recoupés donne la raison d'être de cette position de la vallée. Il les examine, les uns après les autres, et en particulier les synclinaux, de l'aval vers l'amont :

« Le premier synclinal entamé par la vallée, dit-il, est celui des

[1] L'origine des vallées des Alpes occidentales (*Annales de Géographie*, t. X, 1901), p. 295.

Rochers de Naye-Grammont. En se basant sur le sénonien, on peut évaluer le plongement du pli vers la vallée. Il est de 28,5 pour 100. Dans le Grammont, la descente, plus considérable encore, est de 50 pour 100. Ce plongement s'impose à la vue lorsque, placé sur les Rochers de Naye, on contemple le Grammont. Il est difficile de trouver un exemple plus frappant d'une grande inflexion transversale.

« Le synclinal des Agittes, qui succède à celui de Naye, laisse apparaître au Sud un noyau anticlinal de malm qui, de la Sarze, fait une chute moyenne de 50 pour 100 vers la vallée.

« Sur la rive gauche, le prolongement du synclinal descend vers le Rhône avec des pentes qui varient de 10 à 25 pour 100. Il est suivi par le pli synclinal de Linleux-Blanscex, dont la pente vers la vallée s'exagère de plus en plus. De 6 pour 100 elle passe à 30 pour 100, pour atteindre 50 pour 100 dans la partie qui domine immédiatement le Rhône [1]. »

« La masse triasique et jurassique de Tréveneusaz repose en recouvrement sur la molasse rouge, dont le plongement vers la vallée est, en moyenne, de 8 pour 100 (sous le trias dans le val de Morgin 1,200 m., dans la partie qui avoisine la vallée 800 m.) Sous cette molasse, dans le flysch, on voit près de Colombey deux plis urgoniens. Rien n'est plus typique que le plongement de leur axe qu'on peut évaluer à 30 et 35 pour 100. »

L'examen des plis montre donc que *leurs axes sont inclinés vers la vallée*, autrement dit que celle-ci occupe un pli *synclinal transversal*. Le Rhône coule donc dans une vallée de plissement [2], et en outre, dans un sillon de rebroussement. En effet, le pli couché des Pleyades a une direction N.-S. tandis que le pli des Voirons, s'il existait encore en avant des Préalpes de la rive gauche du Rhône, aurait une direction presque W-E. Ce pli principal de la zone bordière ferait donc un angle de 90 degrés avec lui-même [3].

Mais le Rhône n'est pas seul dans ce cas : « A peine a-t-on pénétré dans la vallée de la Drance du Biot, dit encore le même auteur, qu'on la voit se resserrer considérablement au passage d'une barre rocheuse de jurassique supérieur. C'est le premier synclinal que l'on rencontre.

---

[1] L'origine des vallées des Alpes occidentales (*Annales de Géographie*, t. X, 1901), p. 411 et suiv.

[2] LUGEON, La brèche du Chablais (*Bull. Carte géol. de France*, t. VII), p. 266.

[3] *Ibidem*, p. 264.

L'inflexion transversale est ici particulièrement remarquable. Sur la rive droite, des hauteurs de Belmont, le jurassique, sous la forme d'une crête rocheuse, descend vers la Drance, lèche le cours d'eau et remonte à la Vernaz, sur le versant opposé. Observé vers l'aval, sur la route, le V transversal apparaît avec des contours vraiment schématiques. Si, à ce moment, on se retourne vers l'amont, un spectacle grandiose s'offre à l'observateur : deux immenses parois de malm, parallèles l'une à l'autre — le synclinal du Jotty —, descendent des hauteurs de droite et de gauche, et semblent vouloir barrer le cours du torrent. Là encore, le phénomène de l'inflexion synclinale est des plus manifestes.

« Le synclinal qui succède aux deux plis dont nous venons de parler présente encore très nettement le même accident [1].

« En aval de Taninges, le Giffre bénéficie d'une série plus ou moins régulière d'inflexions transversales et se dirige E.-W. [2]

« L'Arve, en sortant du synclinal de Chamonix, traverse la chaîne cristalline des Aiguilles Rouges-Prarion et s'écoule ensuite à travers les grands plis couchés qui s'étendent, dans le sens longitudinal, de la Dent du Midi au Mont Joly, cela à la faveur d'une nouvelle inflexion synclinale orientée à peu près N.-S. [3]

« Les plis qui avoisinent la vallée du Fier présentent de superbes exemples d'abaissement d'axes (Montagne de Veyrier, synclinal du Cruet) ; la position du Chéran tient également à l'abaissement de l'axe des plis : Le premier qu'on rencontre après avoir traversé le large synclinal molassique de Leschaux est l'anticlinal du Margeriaz, qui, avec les plis qui lui succèdent immédiatement à l'E., présente une remarquable ondulation synclinale transverse [4].

« La vallée de Faverges et la vallée morte de Chambéry, au moins dans sa partie d'aval, se sont établies grâce à des ondulations des plis. L'inflexion transversale est visible au premier coup d'œil que l'on jette sur les environs de Chambéry, lorsqu'on est placé sur les hauteurs qui dominent la ville [5].

« La grande coupure de l'Isère, entre Grenoble et Moirans, est

[1] *Origine des vallées*, p. 403.
[2] *Ibidem*, p. 410.
[3] *Ibidem*, p. 406.
[4] *Ibidem*, p. 301, 302, 313.
[5] *Ibidem*, p. 309.

due aussi à l'ondulation des plis et les directions différentes des crêtes sur les deux versants de la vallée s'expliquent aisément grâce à *l'angle rentrant des plis, suivant l'axe de la vallée,* phénomène très fréquent dans les ondulations synclinales transverses [1].

M. Marcel Bertrand a insisté spécialement sur cette circonstance : « On peut remarquer, dit-il, la série de rebroussements visibles entre Moutiers et Brides, ceux du vallon de la Rocheure et de la haute vallée de l'Arc, les sinuosités multiples et emboîtées les unes dans les autres, auprès du Val d'Isère et de Thermignon. C'est presque un phénomène général. On voit très nettement la liaison intime du réseau des vallées avec le système des plis ; presque toujours une vallée importante suit l'axe des sinuosités ou l'arête des rebroussements ; ainsi le Doron de Bozel et de Pralognan, entre ces deux localités d'abord, puis auprès de Moutiers ; le torrent de Peisey, entre sa source et Peisey ; l'Isère entre sa source et Tignes ; le vallon de la Rocheure ; l'Arc entre Bonneval et Thermignon, et à Modane même [2]. »

« Il me semble évident que l'axe des sinuosités (ou des rebroussements locaux) correspond à la vallée de la Durance. Or, la vallée de la Durance, prolongée à partir de Guillestre, mène tout droit au centre éruptif du Mont-Genèvre, à la vallée de Cézanne et d'Oulx, où l'on rejoint l'axe des sinuosités de l'autre versant. Il y a là comme un « serrement » des Alpes ; la ligne de serrement est l'axe d'un grand abaissement transversal de la chaîne. De même, la vallée de l'Isère, au moins depuis les gorges d'amont jusqu'à Tignes et Brévières, suit à peu près l'axe de ces sinuosités emboîtées. »

M. Termier dit de même [3] : « Les maxima et les minima des plis alpins s'ordonnent, le plus souvent, sur des courbes transversales plus ou moins continues. Ces courbes sont presque toujours grossièrement orthogonales aux plis. »

Et il ajoute : « Il semble y avoir quelques relations entre la topographie du massif et ces ondulations transversales. Les grandes vallées du Vénéon, de la Séveraisse, du Gyr, correspondraient à des

---

[1] *Origine des vallées.* p. 310 et 312.

[2] *Etudes dans les Alpes françaises*, p. 109, 110 et 88. — Comparez la notion des « Scharungen » de Suess, sur le cours des grands fleuves.

[3] *Tectonique du Pelvoux*, p. 756.

synclinaux transversaux ; de même aussi la Romanche, d'Auris au Dauphin, et de la Grave au Lautaret. »

M. Bertrand donne la même explication : il attribue cette coïncidence « à l'existence de plis transversaux, qui, malgré leur moindre importance, ont, *à cause de la structure isoclinale,* joué le rôle principal dans la détermination de l'écoulement des eaux. L'existence de ces plis transversaux, ajoute-t-il, n'est d'ailleurs pas une hypothèse ; elle est très clairement marquée en beaucoup de points (vallée de Bramans, massif de la Sana) par l'abaissement aligné du fond des synclinaux ou par la surélévation des têtes d'anticlinaux [1].

EXPÉRIENCES

Désireux de reproduire expérimentalement une disposition aussi intéressante et reconnue sur tant de points, j'ai confectionné le modèle que représente la figure 10. Dans ce premier essai, les bombements et dépressions de l'axe des plis sont dus à l'action des mains, mais cela n'empêche que certaines particularités signalées par les explorateurs se sont produites spontanément, sans que je les provoquasse, c'est-à-dire à titre de « formes concomitantes ». C'est le cas de la structure en rebroussements, qui est née à mesure que j'écrasais le milieu de mes plis ; c'est le cas pour l'emboîtement des sinuosités ; c'est le cas, enfin, pour le léger bombement transversal qui apparaît au pied du pli de gauche, par excès de surface, à l'intérieur de la courbure locale. Or ce trait, qui pourrait sembler fortuit, est la reproduction d'un cas naturel : En effet, d'après M. Lugeon [2], « la coupure de Grenoble présente une exception remarquable : Le pli de l'Echaillon, le plus extérieur, présente un léger bombement transversal au lieu d'une inflexion synclinale ».

Quant à la cause qui serait capable de produire les mêmes apparences, d'une façon plus indépendante de la volonté humaine, il faut la chercher, comme le voulait M. Bertrand, dans un plissement secondaire, transversal au premier. Mon modèle l'indique car, en-dessous des grands plis, N.-W.—S.-E., dont le relèvement de part et

---

[1] *Etudes,* p. 109.
[2] *Origine des vallées,* p. 311.

d'autre de leur milieu, trahit déjà un effort transverse, on y voit, nettement dessinés, deux bombements N.-E. — S.-W. L'extinction W. du pli septentrional est même bien visible. Ces plis transversaux ont pris naissance spontanément : c'est une « forme concomitante » à ajouter aux autres.

Pour produire les effets particuliers à ce modèle, j'ai dû comprimer les grands plis, formés d'abord, dans le sens de leur longueur, c'est-à-dire leur infliger un ridement transverse. Que cela se fasse par la pression des mains ou par l'action d'une presse, peu importe. En effet, on verra à propos des essais de double refoulement, que toujours cette superposition d'efforts a déterminé les « nœuds » et les « ventres » dont nous venons de nous occuper[1]. Enfin je note que l'allure couchée, c'est-à-dire isoclinale, de mes plis, s'est produite, elle aussi, spontanément, à titre « concomitant ». On voit par les bords du relief que mes plis n'étaient pas destinés à se coucher : Ils ne l'ont fait qu'ultérieurement, et guère qu'en leur milieu, pour pouvoir se déprimer. Celui de gauche, même, a échappé à cette nécessité.

De toutes ces particularités, il résulte que mon relief N° 10 reproduit assez fidèlement ce qui se passe, dans les conditions naturelles indiquées, pour des plis droits ou couchés. A l'utilité pédagogique, il unit donc un certain intérêt de science pure[2].

V

Plis déjetés courbes

Dans l'ordre de complication croissante que j'ai cru devoir adopter, pour présenter mes premiers essais, ces modèles se placent ici, mais en réalité, ce sont les premiers que j'ai confectionnés. Ils m'ont été inspirés par la très intéressante controverse de MM. Marcel

[1] Voyez les expériences de M. Vogt, dans notre deuxième *Série*.

[2] Le jour où on cherchera à reproduire quelque chose d'analogue sur une matière cassante, on se souviendra que, d'après M. Lugeon, le synclinal du Blanscex (vallée du Rhône) « est remarquable à cause d'une série de petites cassures qui coupent le flanc nord du pli. Elles présentent toutes leur lèvre affaissée à l'est, c'est-à-dire vers la vallée, comme celles découvertes par M. Kilian, près de Grenoble ». (*Origine*, p. 411.)

Bertrand [1] et E. Fournier [2] relativement à la Basse-Provence. L'idée m'est venue que l'expérimentation seule pourrait trancher leur débat et j'ai cherché à reproduire les formes qu'ils soupçonnaient dans le terrain, cela afin d'en expérimenter la *possibilité*. Ç'a été le point de départ de mes tentatives expérimentales, en 1905.

OBSERVATIONS SUR LE TERRAIN

« Depuis la région des Glacières de Fontfrège, dit M. Fournier [3], jusqu'au Fauge, où il est interrompu par un pli transversal, nous suivons pas à pas un grand pli sinueux. L'axe du pli se dirige d'abord vers l'O.—S.-O. depuis la région des Glacières jusqu'au vallon de Saint Pons. A partir de là, il remonte vers le N.—N.-O. jusqu'au couvent du Plan d'Aups, s'infléchit vers le N.-E., passe auprès du château de Nans, remonte vers le Nord jusqu'aux Bergeries ; ensuite, il décrit un demi-cercle, redescend vers le sud puis au-dessus de la colline du Vieux-Nans, s'infléchit vers le S.-O. et suit cette direction jusqu'en face de Coutronne. A partir de Coutronne l'axe décrit un demi-cercle autour de l'extrémité sud-ouest du massif de la Lare, au pied des escarpements de Roquefourcade et de la Tête Roussargues ; en face de Daurengue, il remonte vers le N.-E. jusqu'aux Bosqs. Là, la boucle anticlinale s'étrangle entre les Bosqs et le lambeau des Etienne ; le pli revient sur lui-même vers le sud-ouest jusqu'à la base du ravin de la Saussette, puis remonte encore vers le Nord, va contourner le Fauge, puis se trouve tout à coup interrompu par un *pli transversal* qui joue envers lui le rôle de pli-faille de décrochement.

« Le tracé de l'axe anticlinal peut donc être représenté schématiquement de la façon suivante :

« *Ce pli sinueux se moule exactement sur les angles S.-O. des deux massifs d'ancienne émersion du Piégu et de la Lare dont il épouse tous*

---

[1] La grande nappe de recouvrement de la Basse-Provence (*Bull. des services de la Carte géol. de France*, N° 68, t. X, mars, 1899.)

[2] Le massif du Beausset-Vieux. — Compte rendu des excursions faites en Provence (*Ann. de la Fac. des Sc. de Marseille*, 1895). — Le Pli de la Sainte-Baume (*Bull, Soc. géol. de France*, t. XXIV).

[3] *Sainte-Baume*, p. 689 et suiv.

*les contours; il est constamment couché vers ces massifs et constamment
accompagné, de leur côté, de son synclinal couché qui décrit les mêmes
sinuosités. »*

M. Fournier donne une esquisse tectonique du trajet de ce
pli et ajoute : « Aux Bosqs, on voit les couches du pli tourner de
180 degrés. Dès lors l'explication s'impose : les lambeaux des Etienne
sont des portions de la boucle anticlinale qui ont été séparées d'elle
par un étranglement exagéré [1]. »

M. Bertrand [2] n'admet pas les interprétations qui précèdent.
Il lui semble impossible que le renversement d'un pli se continue
tout le long de sa courbure. « On se heurte là, dit-il, à une difficulté,
d'ordre presque géométrique : l'afflux de toutes parts des matériaux
dans un espace trop petit pour les contenir, et l'accommodation
nécessaire de la nappe à une base sans cesse rétrécie, à mesure qu'elle
avance. » — C'est le premier point du litige.

EXPÉRIENCES

Je suis parvenu sans trop de peine à réaliser des plis à tracé
horizontal courbe. J'ai même fait un pli double que j'ai cherché à
déjeter en dedans de sa courbure (fig. 11) et un pli, également double,
que j'ai tâché d'écraser en dehors (fig. 12). Si on pousse l'expérience
un peu loin, voici ce qu'on constate : Quand on courbe, dans son
tracé horizontal, un pli déjeté primitivement rectiligne, les extrémités
de ce pli se déjettent davantage, tandis que le milieu se redresse.
En même temps, les flancs se rapprochent l'un de l'autre, vers le
milieu de la courbe. Il en résulte que le pli augmente de hauteur,
en diminuant de largeur, vers son milieu, tandis qu'il s'abaisse en
s'épatant, aux extrémités. — Le premier point du litige est donc
jugé : un pli ne peut pas être, *à la même place,* et par conséquent
sur toute sa longueur, déjeté et courbe.

La courbure exige que le flanc interne du pli raccourcisse sa
projection horizontale et que le flanc externe allonge la sienne. Pour

---

[1] *Sainte-Baume,* p. 687.
[2] *Nappe de la Basse-Provence,* p. 2.

satisfaire à cette exigence, le flanc interne esquisse un ou plusieurs plis secondaires, d'abord droits puis déjetés, mais toujours dirigés selon les rayons de sa courbure horizontale. Ces plis transverses vont s'ennoyer dans la ride principale, tantôt en des points où la courbure de celle-ci devient brusque, tantôt un peu à côté de ces points. Si on presse sur ces bombements transversaux jusqu'à les faire disparaître, le flanc interne, et avec lui le pli tout entier, perdent leur courbure. Ces bombements sont donc — d'après la définition donnée précédemment — des « formes concomitantes » de la courbure. Elles apparaissent également dans la flexion d'un pli non déjeté [1].

Quant au flanc externe, s'il se rapproche du flanc médian, c'est pour raccourcir son trajet horizontal. Dans le cas d'un pli déjeté en dedans, on voit même quelquefois ce flanc externe perdre le contact du sol (c'est-à-dire du socle du modèle) et monter sur le flanc médian. Ce faisant, il s'élève sur la surface conique idéale que dessine, dans son ensemble, un pli déjeté courbe. Or, dans un cône, le périmètre des sections droites va en diminuant vers le sommet. Cette « fuite » vers le haut doit engendrer, vers la base du flanc supérieur et surtout au milieu de cette base, des tractions planes capables de déterminer un déchirement qui longera le pied externe de la ride, avec un maximum de « béance » au milieu de sa longueur. Nous aurons alors un cas de filon longitudinal avec orientation déterminée, comme aurait dit Elie de Beaumont, par le « système de soulèvement » le plus voisin.

Dans un pli couché, déjeté en dehors, c'est le flanc inférieur qui est le plus externe et par conséquent le plus étiré, aussi le voit-on quitter son horizontalité primitive et se relever parallèlement au flanc médian, en se rapprochant de lui, vers le milieu de la courbe, cela pour raccourcir le trajet horizontal qu'il est impuissant à fournir. (Dans le synclinal qui prend ainsi naissance, se dessinent des nervures transversales, situées souvent en face des plis radiaux du flanc interne.)

Si la matière plissée est déchirable, dans les conditions de l'expérience, les tractions tangentielles que la courbure développe le long de la charnière anticlinale du pli déversé et dans son flanc inférieur, pourront amener la fissuration, peut-être même (par un croisement irrégulier des fentes) le morcellement de ces régions. Or il semble qu'on ait, dans la nature, des exemples de ce processus :

---

[1] Il en est de même du rapprochement des flancs, vers le milieu de la courbe.

« Les nappes qui ont formé la chaîne du Sæntis au Pilate, dit
M. Lugeon [1], comme celles qui ont donné lieu à la chaîne des Klippes
ont dû, *à cause de la forme arquée de la chaîne, prendre un développe-
ment longitudinal de plus en plus exagéré en marchant vers le nord.*

« Elles ont dû se disjoindre en tronçons d'autant plus nombreux
que la courbure était plus grande. Or la courbure longitudinale de
notre zone des Klippes est plus exagérée que celle de la chaîne fron-
tale suisse. Cela nous explique pourquoi *le pli frontal est resté plus
continu en Suisse, alors que dans les Klippes carpathiques le tronçonnement s'est développé d'une manière exagérée.*

« Non seulement cette fragmentation — comparable au tronçonnement de la bélemnite — s'est exécutée dans les Carpathes en
divisant les plis frontaux en grandes bandes juxtaposées presque
bout à bout comme en Suisse, mais elle s'est exercée dans l'extrême
détail, capable de produire des subdivisions comme celles d'une vague
qui se brise en des milliers de gouttelettes. »

Pour la même raison, et s'il ne l'a pas fait, du moins « le pli frontal des grandes nappes à faciès helvétique de la Suisse a-t-il *failli se
résoudre en Klippes.* »

Le cas inverse de la « déchirabilité » de la matière est celui de son
« extensibilité ». M. Fournier [2] a beaucoup insisté sur le fait que cette
propriété, trahie par de nombreux amincissements locaux des assises,
en Provence même, peut rendre possibles bien des déformations
inattendues. M. Bertrand [3] ne se laisse pas impressionner par cet
argument, à la vérité un peu vague. Tout cela, c'est des conjectures
et quant à moi, je n'abandonnerai pas le terrain ferme où je me suis
placé : si j'expérimente, c'est précisément pour apprendre ce qui se
passe à l'intérieur des masses solides ; je ne prétends pas le savoir
d'avance. Je dirai donc simplement que mes conclusions présentes
se rapportent à la matière employée dans mes expériences, laquelle
et pour les motifs que l'on sait, a été choisie indéchirable et inexten-
sible. J'ajoute que nous referons, plus tard, toutes nos expériences
avec des feuilles déchirables et laminables. Nous dirons alors les
résultats obtenus.

---

[1] Les nappes de recouvrement de la Tatra (*Bull. Soc. vaudoise des Sc.
nat.*, N° 146), p. 57.

[2] *Bull. Soc. géol. de France*, 3me sér., t. XXV, p. 38.

[3] *Basse-Provence*, p. 3.

En somme et pour finir, si on compare deux plis courbes déjetés, l'un en dedans l'autre en dehors de leur courbure, on voit que c'est la même forme retournée : Ils sont, l'un et l'autre, placés à la surface d'un cône idéal. Pour le pli déjeté en dedans, le sommet du cône est au-dessus du sol ; pour le pli déjeté en dehors, il est au-dessous.

Si le pli courbé est double, les particularités du flanc interne s'observent dans la ride intérieure, celles du flanc externe dans le pli extérieur. Le besoin de diminuer le contour externe serre les deux plis l'un contre l'autre ; on ne remarque rien de particulier dans la région intermédiaire. — Si, partant des plis à faible courbure dont je viens de parler, on cherche à fermer de plus en plus la boucle décrite par leur parcours horizontal, on arrive à une forme que nous avons appelée « pli en faux-col » et, finalement, aux rides à parcours fermé, ou « plis annulaires ». M. Arthur Vogt a étudié en détail tous les stades de cette déformation croissante [1].

VI

Plis en « champignon »

OBSERVATIONS SUR LE TERRAIN

Après les plis déjetés courbes, la controverse de MM. Bertrand et Fournier porta sur des formes que le dernier nomme « plis en champignon ».

La structure de la Basse-Provence apparaît comme essentiellement *morcelée ;* les différents massifs, au lieu de s'aligner comme dans les Alpes en longs chaînons continus, constituent une série d'unités indépendantes, une série de *dômes* en chapelets [2], et ces dômes présentent la structure en question :

« J'ai toujours considéré le massif du Vieux-Beausset, dit M. Fournier [3], comme déversé en champignon sur tout son pourtour. » Et,

---

[1] Voir la deuxième *Série* de ces Recherches.
[2] M. BERTRAND, *Nappe de la Basse-Provence*, p. 2.
[3] *Massif du Beausset-Vieux*, p. 709.

dans les plissements qu'il décrit comme « massifs en champignon », il distingue deux catégories bien différentes : Les uns sont « des boucles anticlinales à déversement périphérique » ; ce seraient, en d'autres termes, des plis courbes déjetés en dehors, mais nous avons vu que cette forme est impossible, du moins sans déformations internes. — Les autres (massifs du Beausset, de la Galinière, des Trois-Frères, etc.) sont « des dômes à pourtour déversé ». Ceux-là sont les vrais « champignons » qui vont nous occuper.

Pour se les expliquer, il faudrait, dit M. Bertrand [1], imaginer que les pressions amènent des masses profondes à se faire jour verticalement au milieu des terrains qui les surmontent, puisque ces masses amenées en saillie retombent de toutes parts sur les terrains plus récents. Mais il se refuse à y croire : « Il est aisé, dit-il, de voir que l'existence de ces dômes exagère, au lieu de la supprimer, la difficulté signalée. Mais surtout, la difficulté, relative à la question d'espace recouvert par la nappe, devient une véritable impossibilité, quand le pli périphérique, au lieu d'être couché vers l'intérieur est couché vers l'extérieur. Les masses en retombant ne pourraient couvrir qu'une partie de l'espace qui entoure la cheminée de pénétration, un certain nombre de segments rectangulaires par exemple, séparés par des vides triangulaires. La continuité de la superposition anormale tout le long des bords est *géométriquement* incompatible avec un pareil mécanisme.

« A la vérité, il a pu y avoir étirement pendant l'ascension des masses, qui supposerait en effet des efforts énormes ; mais ensuite, lors de la retombée ou de l'épanouissement du dôme, rien ne les sollicite à s'étendre dans le sens transversal à leur nouveau mouvement, à moins qu'on ne veuille invoquer leur propre poids. »

Et il conclut que « la conception des dômes en champignon est destinée à disparaître naturellement, aussi vite qu'elle a pris naissance ».

M. Fournier se défend : « On dit que l'hypothèse des plis en champignons se heurte à une impossibilité *mécanique* et *géométrique*. Si cette impossibilité existait réellement elle pourrait être *démontrée géométriquement* ; j'avoue avoir recherché en vain cette démonstration et je serais heureux que M. Marcel Bertrand veuille bien

[1] *Nappe de la Basse-Provence*, p. 3.

m'éclairer sur ce point. En attendant cette démonstration, je crois qu'il est prudent de s'en tenir aux faits d'observation qui sont pour moi bien établis. Les plis en champignon ont été observés en plusieurs points. M. Zürcher en a signalé dans la région de Castellane (Montée de la Taulanne) (Bull. serv. Carte géol., N° 48, p. 21 et fig. 2, pl.III). J'en ai moi-même décrit plusieurs exemples dans la région de la Basse-Provence où cette structure *est bien loin d'être un « cas unique »*. Dans les Alpes on retrouve en plusieurs points une structure analogue. »

EXPÉRIENCES

Comme nous venons de le voir, M. Bertrand croyait ne pouvoir expliquer les plis « en champignon » que par une sorte d'*éruption* des couches profondes, à travers une boutonnière des assises superposées. Ce phénomène étant problématique, j'ai cru préférable de chercher à réaliser la forme en question par le processus qui a servi pour toutes les autres et auquel on a coutume d'attribuer les ridements de la lithosphère : le refoulement horizontal. Au point de vue purement mécanique, cela revient d'ailleurs au même. En effet, si l'on veut forcer une couche, originairement plane, à passer, de bas en haut, à travers un trou, il faut amener, en dessous de l'ouverture, un excès d'étoffe qui permette à la couche de se bomber pour s'engager dans le canal de montée. Or, cette adduction ne peut se réaliser que par un refoulement horizontal convergent.

Ier stade : *Dôme*. — Je commence donc par soumettre une feuille de plomb (carrée) à des pressions horizontales, convergeant vers son centre [1] :

1. — Sous cette influence, la feuille se soulève en son milieu et, à partir de ce point, naissent des plis qui vont en divergeant,

---

[1] Dans la nature, de telles pressions doivent naître, forcément, sur le pourtour de toute région en voie d'affaissement, et cela par suite du coincement qu'entraîne, pour un compartiment d'abord situé à la surface du sphéroïde, sa descente vers les régions internes où la place manque. Le point de départ de mon expérience n'est donc pas une chimère ; loin de là, il n'est autre que le processus à l'aide duquel Dana faisait émerger les chaînes de montagnes du fond de ses « géosynclinaux ».

selon les arêtes d'une pyramide. Je les nomme *plis-arêtes* et en ai obtenu de 4 à 6, selon les cas [1].

2. — Les plis-arêtes se rabattent sur leur côté. (Vu d'en haut, et en projection horizontale, ce rabattement a lieu, tantôt dans le sens du mouvement des aiguilles d'une montre, tantôt en sens inverse.) Ainsi naissent des duplicatures qui permettent à la feuille de se loger sur une étendue horizontale de plus en plus limitée et, de la sorte, la forme en *dôme* devient possible (fig. 13).

IIme stade : *Champignon*. — J'étrangle le dôme, vers le milieu de sa hauteur :

3. — Les duplicatures augmentent d'étendue et, quelquefois, se dédoublent. Deux plis-arêtes voisins se rapprochent l'un de l'autre. Il en naît de nouveaux, mais vers la base, seulement.

4. — Le déjettement latéral des plis-arêtes, commencé au 2me temps, s'accentue. Ils se pressent les uns sur les autres ; ceux d'entre eux qui tendaient à converger se rapprochent tout à fait. Dès maintenant, le sommet du dôme *surplombe* un peu, d'un côté d'abord, puis en plusieurs endroits.

Le surplomb se manifeste d'abord dans les surfaces, ou *champs*, situées entre deux plis-arêtes, puis gagne ces plis eux-mêmes. Ceux-ci rentrent, alors, vers le milieu de leur longueur, de sorte que leur partie haute surplombe à son tour. Pour « rentrer » ainsi, le pli-arête a recours à deux genres de déformation : ou bien il dessine une brusque sinuosité, à la place étranglée, ou bien il s'écrase en s'épatant, c'est-à-dire qu'à sa surface se dessine un « synclinal transverse » lequel, naturellement, est dirigé plus ou moins horizontalement, puisque le pli-arête court presque de haut en bas.

5. — Dès ce moment, certains champs concaves, interposés à deux plis-arêtes et situés sur des côtés opposés du dôme, se sont rapprochés au point d'entrer en contact par leur face interne, de sorte que la *gorge* du champignon commence à se fermer. — Au point. où nous sommes parvenus, les duplicatures se sont beaucoup com-

---

[1] Pour ce chapitre comme pour tous les autres, chacune de nos expériences a été répétée plusieurs fois et avec des plaques différentes. On parvient, de la sorte, à contrebalancer les influences individuelles, attribuables dans chaque essai, à la matière employée et à la disposition de l'expérimentateur. Le résultat obtenu peut alors être considéré comme exprimant une loi générale. — Quant aux modèles, nous ne reproduisons, chaque fois, que le mieux réussi.

4

pliquées : en certains points, on compte jusqu'à cinq et même sept épaisseurs de plomb, se recouvrant les unes les autres.

6. — Les nervures latérales (convexes et concaves) sont, maintenant, tellement pressées les unes contre les autres, qu'il est impossible de pousser plus loin l'*étranglement*, c'est-à-dire le serrage dans le sens horizontal. C'est le moment de faire intervenir la pesanteur, comme le voulait M. Bertrand : Pour imiter l'action que, dans la nature, le poids du champignon est censé exercer sur sa tige, je presse, de haut en bas, sur mon modèle. A mesure que le sommet du dôme *s'affaisse*, on voit se produire les effets suivants : Les plis-arêtes et les champs interposés s'infléchissent de plus en plus, de sorte que leurs parties hautes surplombent toujours davantage. — En même temps, les surfaces latérales (plis et champs) du dôme se rapprochent de plus en plus de son axe vertical et finissent par entrer, toutes ou presque toutes, en contact dans la région d'étranglement, ce qui a pour effet de fermer presque complètement la gorge du champignon : Si on retourne le modèle, le regard ne trouve plus guère d'ouverture par où pénétrer dans son intérieur.

7. — Un moment arrive où le dôme surplombe — de quantités très inégales, il est vrai — *sur tout son pourtour ;* c'est-à-dire que la forme en « champignon » est réalisée (fig.14), — seulement, la surface du champignon n'est pas lisse ; elle est cannelée en zig-zag par les plis-arêtes et les champs concaves, dessinés à l'origine et devenus sinueux à mesure que la déformation d'ensemble progressait.

En résumé, donc, *le pli en champignon*, comme l'entendait M. Fournier, *est possible sans ruptures*, mais *à la condition d'admettre, sur ses flancs, des duplicatures multiples*, en assez grand nombre. La « continuité de la superposition anormale », tout le long des bords du champignon, n'est point — dans ces conditions — une impossibilité géométrique.

La réalisation de cette forme impliquant un froissement très intense des couches, il sera fort intéressant de répéter l'expérience avec une matière déchirable ou extensible : Bien que le « champignon » soit réalisable sans ruptures, avec le plomb, on peut s'attendre à ce que l'argile, par exemple, ne s'y prête que moyennant un réseau très compliqué de fractures. Avec une matière laminable, il est possible que les plis et les duplicatures soient remplacés par des épaississements, les champs intermédiaires par des régions amincies, et qu'on obtienne un modèle à surface lisse.

VII

Plis en « cornette »

OBSERVATIONS SUR LE TERRAIN

Selon M. Bertrand [1], la Basse-Provence est une région de plis couchés, dans lesquels l'ampleur du charriage peut, localement, atteindre plusieurs kilomètres. Comme il le remarque très judicieusement, cette notion a éclairci une partie des difficultés de la région, mais pas toutes, et parmi les plus graves il faut compter la présence de plis très limités en direction.

« S'il est naturel, dit-il, et facile à comprendre qu'un pli droit, ou même légèrement déversé, s'arrête avec la cause locale qui l'a fait naître, la chose devient plus difficile à admettre quand le pli est accompagné d'un charriage horizontal important. Quand un morceau de l'écorce s'est *avancée*, par exemple, de quelques kilomètres vers le nord, ce mouvement n'a guère pu s'effectuer sans entraîner les parties voisines. »

Il reconnaît, cependant, qu'à la rigueur, on peut supposer des cassures de décrochement, ayant isolé les régions mises en mouvement de celles restées en place. Mais, dit-il, cette explication devient invraisemblable, si le même charriage reprend quelques kilomètres plus loin. Or c'est ce qui arrive en Provence, pour les massifs de la Sainte-Beaume et d'Allauch, pour ceux de Salernes et d'Esparron : Ces massifs se correspondent deux à deux, avec des chevauchements équivalents, de part et d'autre d'une bande transversale de trias, « qui semble avoir arrêté brusquement, à son contact, les plis couchés et les phénomènes de charriage correspondants ».

---

[1] *La nappe de la Basse-Provence*, p. 1.

EXPÉRIENCES

Je me suis placé dans les conditions énoncées ci-dessus par M. Bertrand : J'ai imité le mouvement d'un pli couché *s'avançant* entre deux régions non plissées (dont il est séparé par des « décrochements »), lesquelles jouent pour lui le rôle de contraintes latérales. Evidemment, l'influence de cette contrainte, sur la progression du pli, ne peut se faire sentir que si l'espace dans lequel celui-ci s'avance va en se resserrant.

J'ai figuré les zones bordières de droite et de gauche par deux règles fixes, tangeantes aux extrémités du pli, dans sa position initiale, puis légèrement convergentes. Je pousse mon pli en avant, en le forçant à se coincer de plus en plus entre ses guides latérales.

Dans ce mouvement, et à mesure que le serrage augmente, le frottement devient plus fort, entre les guides et les extrémités du pli. Il en résulte que ces extrémités ont peine à se déplacer, tandis que le milieu de la ride progresse plus librement. C'est le phénomène qui se produit dans les rivières, les glaciers et généralement tous les courants encaissés. La conséquence est un maximum de vitesse au milieu et, dans ces courants, une forme convexe en avant, pour les lignes de niveau. Dans mon expérience, c'est le pli tout entier qui se courbe en avant et, comme il était originairement déjeté dans ce sens, nous sommes ramenés au cas d'un pli courbe déjeté en dehors. On voit, en effet, se produire tous les phénomènes que nous avons appris à connaître à cette occasion : redressement du flanc inférieur contre le médian (surtout aux extrémités, où le coincement ajoute son effet à celui de la courbure) ; — redressement du flanc moyen ; — dépression du flanc supérieur, en son milieu, par le fait que le médian se serre contre lui.

A ces effets s'en ajoutent d'autres, dus à l'action directe des guides : Le flanc inférieur, serré entre elles, se courbe de plus en plus en avançant, tandis que la charnière anticlinale et le flanc supérieur finissent par déborder les guides et s'épanouir librement au-dessus d'elles. De cet épanouissement (qui, dans la nature, se traduirait par un chevauchement latéral), combiné avec le relèvement des extrémités du flanc supérieur, résulte l'allure en « cornette » propre à ces accidents, toujours étroitement limités en direction, que représente la figure 15.

VIII

Extinction et Relaiement

L'extinction des plis. — Le raccordement de la partie plissée d'une surface tectonique avec le prolongement — demeuré plan et horizontal — de la même surface constitue le phénomène de l' « *extinction* » des plis. Il se produit par le fait que, d'anticlinal, le pendage devient périclinal et diminue jusqu'à s'annuler. Il a lieu le long d'une courbe que j'appelle « *ligne d'extinction* ».

Ce raccordement implique deux choses : l'annulation des plis, puisque la surface du voisinage est plane ; — la suppression des superpositions anormales, puisque, la surface du voisinage étant horizontale, la face originellement externe de la plaque qui le représente y demeure superposée à la face originellement interne.

Le raisonnement indique que, pour s'annuler, un plissement compliqué doit commencer par se simplifier. Or, l'examen de mes « reliefs » confirme cette induction. Il montre que pour sortir de la région disloquée, la plaque se « défroisse », en réduisant progressivement le nombre de ses courbures superposées. Finalement, elle quitte cette région avec une courbure dirigée dans un seul sens : Ce sera un pli replié, mais il ne tardera pas à passer au pli couché simple ; ce sera un pli couché, qui se résoudra bientôt en pli droit ; ce sera peut-être, d'emblée, un pli droit.

En tout cas, la simplification ne saurait s'arrêter au pli couché : Ecraser ses flancs les uns sur les autres, ce n'est pas éteindre ce pli. L'opération laisse subsister trois épaisseurs de couche, alors que, pour se raccorder au voisinage, il n'en faut qu'une ; elle conserve la superposition anormale du flanc médian, laquelle ne trouve à se prolonger nulle part. — Le pli couché n'est donc encore qu'une *forme transitoire*, entre des dislocations plus compliquées et le pli droit, qui seul peut s'éteindre immédiatement. Plusieurs de mes modèles, spécialement les Nᵒˢ 8 et 18 [1], montrent, en effet, que pour

---

[1] Mes modèles sont numérotés, dans ma collection, comme les reproductions photographiques que j'en donne dans cet ouvrage. Le numéro d'un modèle correspond donc à celui de la figure qui le représente.

s'éteindre, un pli couché se redresse — ou, inversement, qu'un pli commence par être droit aux deux bouts, et ne peut se coucher qu'en son milieu [1].

Les régions tectoniques d'un pli. — Les considérations qui précèdent conduisent à distinguer, dans tout plissement, à quel type qu'il appartienne, trois parties concentriques : au milieu une *région à déformation complète*, où le froissement caractéristique du type est entièrement réalisé ; — une *zone de simplification*, où ces froissements s'atténuent jusqu'à se résoudre en plis couchés ; — enfin, à la périphérie, une *zone d'extinction*, qui ne renferme plus que des plis droits. Cette dernière confine au voisinage non disloqué par la « ligne d'extinction ».

Donc, les froissements, — si compliqués soient-ils — de la région centrale d'un pli sont abolis, avant que celui-ci entre dans sa zone d'extinction ; ils n'ont aucune influence sur le phénomène qui détermine l'extinction du pli. Ce phénomène se réduit, pour tous les types, à l'extinction d'un certain nombre de plis droits.

Réciproquement, la nécessité de s'éteindre à la périphérie n'empêche pas un ridement de se compliquer dans sa région centrale. Lorsqu'on étudie les froissements de cette région, on peut donc faire abstraction de la zone de simplification et, à plus forte raison, de celle d'extinction. Par conséquent, l'étude des plis *en travées limitées*, à laquelle je me suis livré dans les chapitres précédents, est légitime. Elle ne fait abstraction d'aucune réalité ; elle nous renseigne sur les déformations de la région centrale (où le pli a son aspect caractéristique) aussi véridiquement que l'étude du pli entier, mais plus clairement, parce qu'elle montre à la fois la surface gauchie et les coupes qui correspondent à ces bossellements.

1. *Région à déformation complète :* Pour bien faire comprendre la différence qu'il y a, entre cette partie centrale d'un plissement et ses zones périphériques, je considérerai le plus simple de tous les types, l'anticlinal droit, mais je l'engendrerai à l'aide d'un artifice : Je moule une feuille de plomb sur une pièce de bois figurant un demi-cylindre à axe horizontal. Dans toute sa longueur, cette forme [2] détermine

---

[1] S'il s'agissait de plis courbes (fig. 11 et 12), redressés au milieu et déjetés aux extrémités, on les verrait se redresser à nouveau, avant de s'éteindre.

[2] Ce terme est employé ici, avec l'acception qu'on lui donne en cordonnerie.

le plongement en sens inverses qui caractérise le plissement désiré, mais son action directrice ne s'étend pas plus loin. Au delà de ses extrémités, le pendage doit devenir périclinal et diminuer jusqu'à s'annuler.

Par ce procédé, je détermine donc une région médiane, dans laquelle la forme désirée est *obligée* de se produire entièrement : c'est la « zone à déformation complète ». Elle est flanquée de deux extrémités, où le plissement se produit sous une double influence : celle de la « forme », qui se fait encore sentir de loin et tend à conserver au pli ses caractéristiques ; d'autre part, celle du voisinage non disloqué, avec qui la feuille de plomb va être forcée de se raccorder en se déplissant. Dans ces extrémités, que je nomme « *pointes d'extinction* », le pli se modifie progressivement d'une façon qui permette son évanouissement prochain : nous sommes dans les zones de « simplification » et d' « extinction ».

A la région de déformation complète se rapporte un premier groupe de mes modèles, ce sont les Nos 1, 2, 3, 9, 10, 11, 12 et 15. Pour chaque type de plissement, le « relief » ne représente que la portion de la surface disloquée où se trouve le maximum de déformation dont l'allure caractérise le type. Cela tient à ce que, dans ce premier groupe, les plis sont limités, de plusieurs côtés, par des sections artificielles, destinées à en faire apparaître la coupe. Au delà de ces troncatures, commenceraient les « pointes d'extinction », dont le nombre, en général de deux par ride, peut devenir plus grand, par exemple dans les plis courbes déjetés.

2. *Zone de simplification :* L'expérience montre que tous les types de plissement présentent les trois parties élémentaires que j'ai distinguées, et cela même quand ils naissent, comme c'est le cas dans la nature, d'un refoulement horizontal sans rien qui ressemble à du « moulage ».

Pour étudier la série des transformations qui, dans un type donné, conduisent du maximum de dislocation, caractéristique de la région centrale, au terme d'ultime simplicité (plis droits) qui va permettre l'extinction, il faut prolonger le plissement à travers la seconde zone et l'arrêter avant qu'il ne pénètre dans la troisième. Cet arrêt artificiel a l'avantage de fournir les coupes correspondant à la « zone de simplification », ce qui facilite beaucoup le diagnostic de ses plis.

Les modèles de mon second groupe, soit les N°s 8, 13 et 14, répondent à cette exigence. Un examen attentif de ces « reliefs », ou même des photographies que j'en donne, suffit à faire connaître les transformations dont il s'agit. D'ailleurs, j'ai analysé en détail l'un de ces cas : le processus qui conduit, par le dôme, au champignon. Ce processus intéresse, comme on l'a vu, la « région à dislocation totale » et la « zone de simplification ».

3. *Zone d'extinction* : Nous avons affaire, maintenant, au pli entier, c'est-à-dire que nous devons l'envisager jusqu'au raccordement qui se produit, sur tout son pourtour, avec la région environnante, non disloquée.

Dans la nature, ce raccordement est la règle : très rarement, il arrive qu'un pli soit limité par des fractures bordières.

Pour étudier un pli dans sa totalité, il faut le faire naître, non plus tout à travers une feuille de petites dimensions, mais *au milieu* d'une grande plaque. Quelles que soient, dans ce cas, les entraves opposées à la déformation par les « attaches latérales », j'ai réussi, même pour les formes les plus compliquées, comme les plis courbes déjetés, ceux à déjettement interverti, les plis croisés ou les champignons.

J'ai consacré à cet objet deux séries d'expériences : dans la première, j'opérai sur une pièce d'étoffe de 150 centimètres carrés ; dans la seconde, sur des feuilles de plomb, d'un demi-millimètre d'épaisseur, qui mesuraient en surface jusqu'à 80 centimètres sur 130.

Tout d'abord, je constatai que la formation d'un pli, même simple, *au milieu* d'une plaque, est subordonnée à une condition : l'apparition de formes concomitantes, consistant en *rides transverses*, parallèles ou non, qui naissent du pli désiré ou à faible distance de lui. Ces rides s'épatent, se bifurquent, leurs digitations s'évanouissent séparément et, ainsi, peu à peu, la dislocation tout entière s'éteint.

Quand on emploie de l'étoffe, les plissements sont faciles à réaliser, mais on est obligé de fixer la région avoisinante, par des poids, afin de l'empêcher de glisser, ce qui déplisserait le tout. Avec du plomb, la forme acquise est immuable, mais l'effort nécessaire, pour tirer un plissement du milieu d'une plaque, est parfois considérable. — Ce ne sont là, d'ailleurs, que des différences de nature opératoire : *le résultat est le même*, quelle que soit la nature de la « feuille » employée, et cela confirme ce que je disais dans l' « Introduction », sur le caractère, géométrique bien plus que mécanique, des problèmes qui nous occupent.

Expériences. — J'ai fait d'abord un *anticlinal droit* (fig. 17) et, à son sujet, remarquerai seulement ceci : Je disais, plus haut, que, au delà des extrémités de la « forme » employée pour amorcer le ridement, le pendage devait être périclinal. — C'est vrai en théorie et pour une couche capable de modifier localement son épaisseur. Dans une feuille non laminable, les choses ne se passent pas aussi simplement : L'inflexion longitudinale de la surface, primitivement cylindrique, s'accompagne alors de formes concomitantes qui sont des rides émanant des extrémités du pli et souvent déjetées. Si l'extinction est brusque, ces rides convergent, elles sont souvent déjetées de côté et agissent comme ces entailles pointues que les tailleurs, appellent des « pinces », pour effiler les bouts du pli. Si l'extinction est lente, ces rides divergent et s'étendent très loin, en s'épatant. Seul, un évanouissement très lent, imposé à une ride fort peu élevée, arrive à s'affranchir presque complètement de ces rides concomitantes.

En second lieu, j'ai refait de toutes pièces un *pli a déjettement interverti* (fig. 18), analogue à celui de la fig. 9, mais, en le tirant, cette fois, du milieu d'une feuille. Cela engendre un pli dont les sections seraient identiques aux coupes de cette figure, mais qui s'éteint de part et d'autre. L'expérience réussit, à la condition de permettre au pli déjeté de se redresser à ses deux bouts, avant de s'éteindre. — Un pli « interverti » avec extinctions se décompose en trois parties : entre les deux maxima de la déformation, la région centrale présentant la torsion caractéristique ; puis, en dehors, les deux pointes d'extinction.

Enfin, j'ai produit un *champignon entier* (fig. 19), en tirant cette forme du milieu de ma plus grande plaque, mais ce n'a pas été sans peine. — Le premier stade (le dôme) s'est produit facilement, comme dans l'expérience qui avait conduit au modèle N° 13. — Au fond, il n'y a pas de différence qualitative entre les deux expériences qui m'ont fourni le « dôme ». Dans l'une comme dans l'autre, j'ai tiré cette forme du milieu d'une plaque. Seulement, dans la seconde opération — celle qui nous occupe maintenant — la feuille de plomb à rider était beaucoup plus grande, par conséquent l'entrave opposée par les « attaches latérales » beaucoup plus considérable.

Le second stade (le champignon) a demandé, cette fois de nouveau, plus de peine, mais il s'est produit à l'aide des mêmes déformations élémentaires que la première fois : Les plis-arêtes (cette fois au nombre de quatre) se sont — comme l'autre jour — déversés ou épatés par un synclinal transverse.

Sur ces quatre plis, deux se sont « défroissés » et éteints d'eux-mêmes, à une distance égale à cinq fois, environ, le diamètre du champignon, au point du plus grand étranglement. Le diamètre de la « gorge » était, en effet, de 10 cm., la longueur de l'une des arêtes 50 cm., celle de l'autre 54 cm.

Les deux autres plis-arêtes furent plus difficiles à effacer. L'un, qui était faiblement déjeté, se redressa, se bifurqua et s' « épata ». Ses digitations s'éteignirent individuellement, et sa longueur finale fut de 26 cm. — L'autre, très déversé, se comporta de même, avec plus de difficulté. Il se partagea en trois plis secondaires qui s'éteignirent au bout de 33, 57 et 59 cm. — Pour ces deux dernières arêtes, le rapport de leur longueur au diamètre de la zone à déformation complète atteint, comme on le voit, trois, cinq, ou même six. — Dans ce cas encore, le nombre des « pointes d'extinction » peut être supérieur à deux [1].

Le relaiement des plis. — « Aucun pli, dit mon cher maître Heim [2], ne s'étend sur toute la longueur d'une grande chaîne ; chaque saillie

---

[1] Un autre problème est celui de la « rapidité » avec laquelle un plissement peut s'« éteindre », c'est-à-dire la détermination de la *distance* qui sépare la ligne d'extinction de la région centrale, à déformation complète. — *Cette distance est-elle fonction du type de plissement*, ou de quoi dépend-elle ?

A première vue, il semble que, plus un pli contient d' « étoffe » (en raison de sa hauteur ou du nombre de ses duplicatures), plus il devra se bifurquer et s'épater, pour parvenir à s'éteindre. Or, comme ces transformations ne s'accomplissent que progressivement, sur le trajet du pli, on peut penser que celui-ci devra être d'autant plus long qu'il est plus « étoffé ». — Mais, est-il toujours d'autant plus fourni qu'il est plus compliqué et en résulte-t-il, finalement, la relation que je viens de dire ?

J'avais commencé à m'occuper de cette question, mais elle est plus complexe qu'on ne pense, et je n'ai pas encore pu en pousser l'étude assez loin pour la faire entrer dans ce premier volume.

[2] *Mechanismus der Gebirgsbildung*, II, 203.

émerge, se prolonge sur une certaine longueur, puis s'aplanit. Alors, un pli nouveau, dû à la même force, remplace le premier, dans son prolongement ou un peu à côté. »

Ceci est la vraie définition du relaiement, considéré comme un phénomène génétique des plis et, à ce titre, corrélatif de l'extinction. Certains auteurs donnent le même nom à une modification, secondaire en somme, puisqu'elle n'influence ni la production du pli, ni sa disparition :

« Rarement, dit M. Haug [1], les faisceaux de plis sont continus sur de très grandes longueurs ; lorsqu'ils s'arrêtent, *un faisceau voisin* subit une déviation et *vient se placer* dans le prolongement du précédent. C'est ce que l'on appelle un « *relaiement* ». Le phénomène est très fréquent sur le bord des chaînes, où des plis *primitivement parallèles* peuvent se relayer dans le rôle de chaînons externes. Les chaînes intérieures de l'Atlas saharien, par exemple, deviennent littorales vers l'est, relayant en Tunisie l'Atlas tellien. »

On voit qu'il y a une différence totale entre le phénomène décrit par M. Heim et celui de M. Haug : Dans le premier, c'est un *pli nouveau*, inconnu dans le reste de la contrée, qui *surgit* de toutes pièces, pour remplacer celui qui vient de s'éteindre. — Dans le second, il ne se produit aucune ride nouvelle ; tout se réduit à une *déviation* dans le parcours d'un *pli préexistant*.

Néanmoins, le résultat est le même, pourvu qu'on le juge à une distance suffisante du point où la substitution des plis s'est produite. L'un et l'autre phénomènes peuvent donc, à la rigueur, conserver le nom de « relaiement », mais comme le processus est tout différent, je crois qu'il faut distinguer les deux cas, et propose d'appeler le premier « *relaiement par surexion* », ou « relaiement » tout court, le deuxième « *relaiement par déviation* ». On pourrait aussi dire « relaiement terminal » et « relaiement latéral » ; cela décrirait assez bien ce qui se passe dans la zone de substitution, mais, à une certaine distance, tout relaiement est devenu terminal. En outre, la première désignation a l'avantage de rappeler la genèse du phénomène.

Expériences. — Je force un pli à se produire, en prolongement d'un autre, préexistant, et à peu de distance de lui : Le pli nouveau

---

[1] *Traité de Géologie*, I, 208.

a une tendance à se réunir au premier, en projetant vers lui une ride secondaire qui deviendrait commune aux deux plis. Mais on peut arriver à supprimer cette *ride de liaison*, de sorte que les deux plis soient indépendants, chacun se terminant par ses pointes d'extinction propres. — Donc le relaiement est possible.

Pour savoir à quelle distance il peut se produire, sans dégénérer en fusion, j'ai fait deux expériences, en moulant, chaque fois, l'ancien et le nouveau plis sur une « forme » de 9,5 cm. de long. Tout ce qui dépasse cette longueur imposée, fait partie des pointes d'extinction :

1° — La « forme » du nouveau pli est placée à 19 cm. de la ligne d'extinction du premier, soit à une distance égale à deux fois la longueur obligée de celui-ci. Le nouveau pli se dessine très bien, en projetant une ride d'extinction, tout à fait normale, qui vient s'éteindre entre deux rides d'extinction de l'ancien.

2° — La « forme » du nouveau pli est située à 9,5 cm. de la ligne d'extinction du premier, c'est-à-dire à une distance égale à la longueur obligatoire de celui-ci. Cette proximité a pour effet que l'aire d'extinction, située entre les deux plis, s'élève au-dessus du niveau du voisinage : c'est la tendance à la fusion. Mais je parviens facilement à déprimer cette aire d'extinction et à la ramener au niveau des bords de la plaque. Alors, les deux plis sont indépendants et entrecroisent leurs pointes d'extinction. — On voit donc que le relaiement peut se produire à très courte distance. (Le modèle obtenu est trop simple pour qu'il faille en donner une photographie.)

IX

Ennoyage et Emersion

J'ai dit que le phénomène de l' « *extinction* » des rides consiste dans le raccordement de la partie plissée d'une surface tectonique avec les régions non disloquées de la *même surface*. — J'ai défini le « *relaiement* » la surexion d'un *pli nouveau* remplaçant une ride éteinte.

Dès lors, le fait que la surface des couches anciennes, plissées dans de vieux massifs, se raccorderait au point de vue topographique avec celle des assises plus jeunes, remplissant un bassin interposé, ne saurait constituer une extinction. Pour qu'il y ait extinction, il faut que le raccordement se fasse entre régions d'une même surface tectonique, c'est-à-dire entre assises de même âge.

Le fait qu'un pli, ou un faisceau de plis, se décomposerait en dômes limités, au-dessus d'un horizon sédimentaire quelconque, ne constitue pas un relaiement. Pour qu'il y ait relaiement, il faut que cet horizon soit celui des couches qui forment le pli, de sorte qu'entre deux dômes successifs, il n'y ait pas traces de dislocation.

La terminaison apparente des plis, dans le premier cas, leur réapparition, dans le second, doivent être attribuées à des « inflexions longitudinales », dont le remplissage par des dépôts ultérieurs aura fait des « bassins sédimentaires ». Il y a alors une ligne selon laquelle les assises constituant le voisinage d'un tel bassin s'enfoncent sous les couches qui l'ont rempli : ce phénomène porte le nom d' « ennoyage ». On voit qu'il n'entraîne point l'extinction des plis ; ceux-ci se poursuivent dans le fond de la cuvette sédimentaire et, souvent, se trahissent à sa surface par le phénomène des « plis posthumes », bien connu grâce à M. Suess. Mais, bientôt, les rides du fond se relèvent, elles se bombent longitudinalement et reparaissent, en émergeant des sédiments qui les recouvraient : je donne à ce phénomène le nom d' « *émersion* ». Pas plus que l'ennoyage n'entraîne l'annulation des plis qui l'effectuent, l'émersion n'implique la formation d'une ride nouvelle. Ce ne sont là que *des apparences stratigraphiques* et voilà en quoi ces deux phénomènes corrélatifs se distinguent essentiellement des deux autres, corrélatifs également mais *tectoniques* : l'extinction et le relaiement.

Pour un observateur placé dans la région tectoniquement déprimée, entre deux plis « en relais » ou deux dômes « d'émersion », les pendages convergent. La courbe suivant laquelle ils sont atteints par la surface horizontale intermédiaire porte dans le premier cas le nom de «*ligne d'extinction*», dans le second, celui de «*ligne d'ennoyage*», et la région déprimée s'appelle « *aire d'extinction* », si elle doit son minimum d'altitude à l'interruption des plis, « *aire d'ennoyage* » si ce minimum provient seulement de leur inflexion locale.

Voici, d'après M. Haug, des exemples du second type :

« Le massif armoricain, dit-il, et le Plateau central sont deux aires de surélévation, amenant à l'affleurement des terrains primaires et séparées par une aire d'ennoyage, qui est le détroit du Poitou, occupé par des terrains secondaires plissés. Le bassin de Paris est une immense aire d'ennoyage, comprise entre les massifs surélevés de l'Armorique à l'ouest, des Vosges et de l'Ardenne, à l'est, massifs dont les plis, quoique très atténués, se retrouvent, avec les mêmes directions, dans les terrains tertiaires de la cuvette.

« Plus au nord, le massif Finno-Scandinave est par excellence une aire de surélévation, séparée des massifs anciens de la Grande-Bretagne par une aire d'ennoyage dont la mer du Nord est un dernier vestige. [1] »

Pour le premier type, il y a un cas douteux et un cas certain : Quand nous voyons un pli s'enfoncer sous des couches horizontales (plus jeunes que les siennes, naturellement), nous ne pouvons pas deviner si c'est pour se continuer, sous cette couverture, ou pour s'y éteindre bientôt. Nous ne savons donc pas si le fond (invisible) de notre cuvette sédimentaire est une aire d'ennoyage (plissée), ou une aire d'extinction (aussi plane que la surface visible).

Au contraire, si la carte montre la région dans laquelle le pli semble se perdre teintée comme lui, c'est-à-dire formée d'assises du même âge que les ridées, aucun épisode tectonique n'étant survenu entre le dépôt des unes et des autres, il faut admettre — même en l'absence d'une coupe qui le prouve — que la série sédimentaire locale tout entière a pris part au plissement. Dans ce cas, le raccordement a lieu entre assises de même âge et nous sommes en présence d'une aire d'extinction. L'érosion que le pli a pu subir, au sommet, n'entre pas en compte.

Il y a des pays où les ennoyages et les émersions (trahissant peut-être des extinctions et des relaiements profonds) se répètent à courte distance. Dans ces conditions, les plis semblent courts ; les anticlinaux prennent alors le nom de *brachyanticlinaux*, les synclinaux celui de *brachysynclinaux*. Et si le raccourcissement est tel que la longueur des plis ne dépasse plus leur largeur, les premiers deviennent des *dômes*, les derniers des *cuvettes* :

---

[1] *Op. cit.*, p. 213. — Ceci est une interprétation ; il y en a une autre : Le détroit poitevin, le bassin de Paris, la mer du Nord, peuvent aussi, comme le pensait M. Suess, être des « fosses d'effondrement » qu'un réseau de cassures périphériques sépare des « môles » armoricain, limousin et rhénans. La présence de « plis posthumes », dans les bassins, n'y contredit pas. — En réalité, la disposition des affleurements, dans la région bordière, montre que certaines parties du contour sont des lignes d'ennoyage, d'autres des failles.

« On peut citer comme exemple des premiers les accidents si caractéristiques des environs de Tunis, où la surface structurale du jurassique vient par places se confondre avec la surface topographique de certaines montagnes isolées. Les cuvettes, elliptiques et plus rarement circulaires, jouent un rôle important autour de Sisteron, où elles sont remplies par des témoins de terrains crétacés au milieu d'un pays jurassique [1]. »

« La naissance inopinée des plis, leur épanouissement subit, leur disparition imprévue », sont des traits caractéristiques de la région de Brignoles, si bien étudiée par M. Ph. Zurcher [2].

---

[1] HAUG, *op. cit.*, p. 204.

[2] *Bull. serv. cart. géol. Fr.*, N° 18, tome II, p. 14. — Comparez : DE LAPPARENT, *Traité de Géologie*, 5me éd., p. 1860 et 1887 ; HEIM, *Mechanismus*, II. 203, 204.

NOTE FINALE : Ce travail était terminé, lorsque j'eus connaissance du beau livre de M. W. PAULCKE, *Das Experiment in der Geologie*. — Je suis heureux de trouver, sous sa plume autorisée, des phrases comme celles-ci : « Plus d'un problème d'orogénie sera éclairé, peut-être résolu, par l'expérimentation tectonique » (p. 1). — « Précisément dans ce domaine, où l'hypothèse joue un si grand rôle, l'expérimentation s'impose, afin de contrôler notre manière de voir les choses. — La géologie expérimentale est appelée à un grand rôle, comme procédé de recherche. Il est très désirable qu'elle prenne une vie nouvelle et se développe systématiquement » (p. 108). — Les expériences de M. Paulcke n'ont pas de rapport avec les miennes ; nous aurons l'occasion d'en parler dans le second volume.

Fribourg, Suisse. — Imprimerie Saint-Paul.

FIG. 2. — Un pli couché.

FIG. 3. — Une « fenêtre ».

FIG. 4. — Massifs centraux.

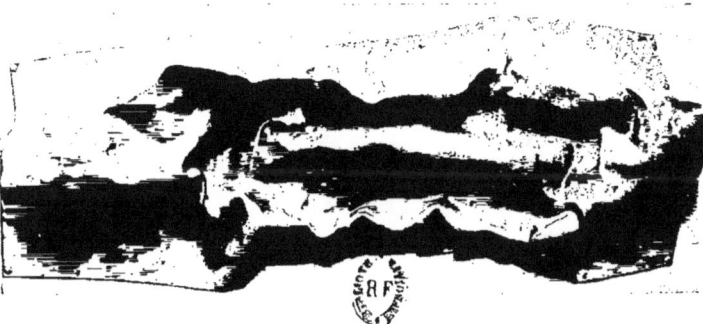

FIG. 5. — Massif amygdaloïde.

Fig. 6. — Le Horst armoricain.

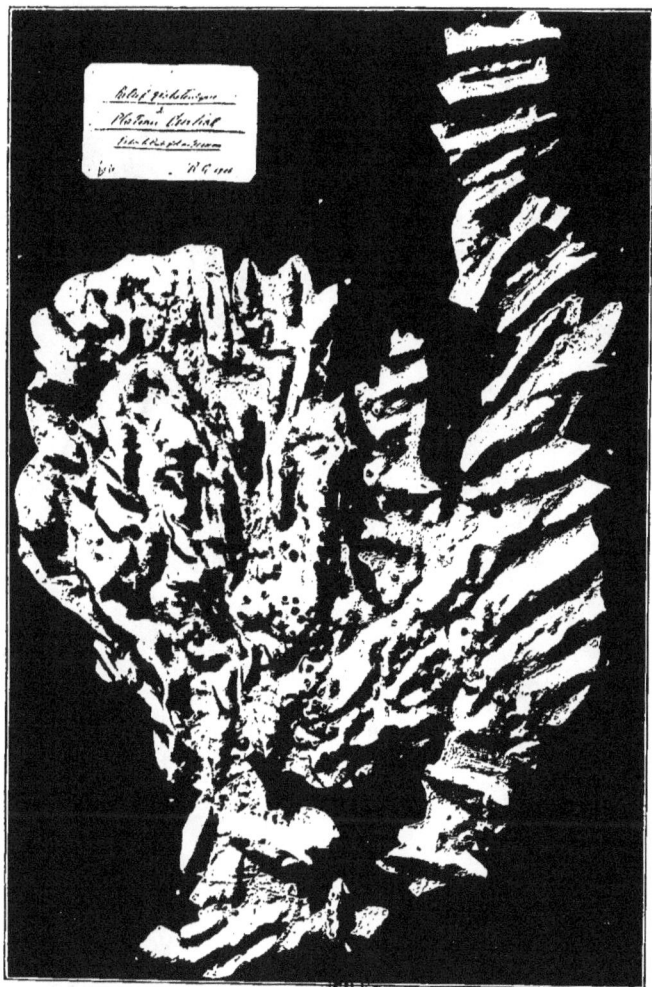

FIG. 7. — Le Plateau Central français.

Fig. 8. — Du monoclinal à l'éventail.

Fig. 9. — Interversion dans le déjettement.

Fig. 10. — Inflexions longitudinales.

Fig. 11. — Plis courbes, déjetés en dedans.

Fig. 12. — Plis courbes, déjetés en dehors.

Fig. 13. — Dôme.

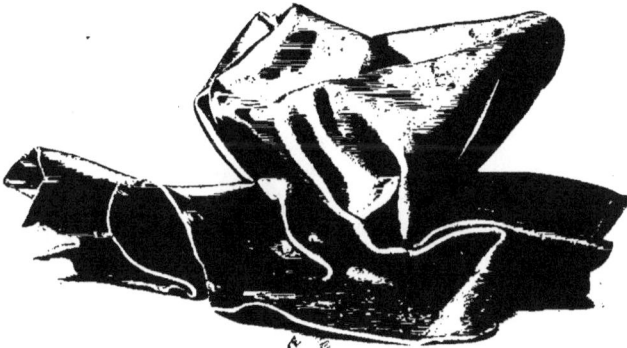

Fig. 14. — « Champignon ».

FIG. 15. — Pli en « cornette ».

FIG. 16. — Amygdaloïde sinueux.

Fig. 17. — Anticlinal droit, entier.

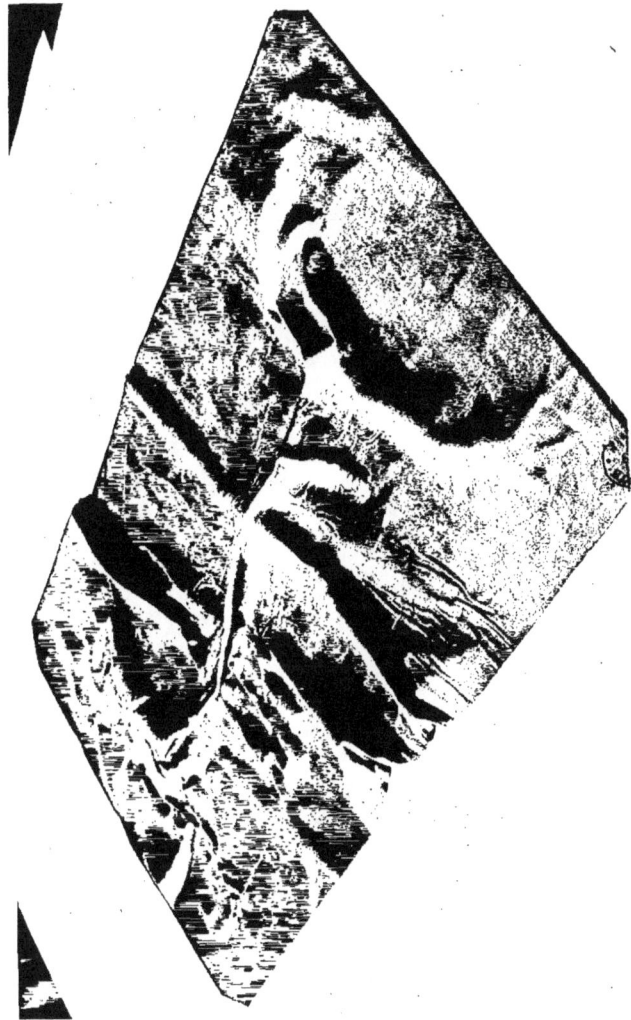

Fig. 18. — Pli interverti, entier.

Fig. 19. — « Champignon » entier.

DU MÊME AUTEUR (Suite) :

Tableau des terrains de la région fribourgeoise (2me édition), 1899.
Tableau des terrains de la région fribourgeoise (3me édition), 1901.
Note sur la conservation des blocs erratiques, dans le Canton de Fribourg, 1907.
Paysage et géologie, dans *Les Alpes fribourgeoises*, 1909.

Pédagogie.

Le Collège, *Monat-Rosen*, 1897-1898.
Quelques mots sur le système de la « liberté des études », *Suisse universitaire*, Genève, octobre 1898.
Quelques mots sur le système de la « liberté des études », *Revue des cours et conférences*, Paris, décembre 1898.
L'enseignement secondaire futur, *Suisse universitaire*, février 1899.
Sur l'enseignement de la géographie dans les collèges, *Bull. Soc. neuchâteloise de géographie*, 1900.
La presse quotidienne et les questions pédagogiques, *Suisse universitaire*, septembre 1900.
La « culture générale », pour les techniciens, *Bull. technique de la Suisse romande*, mars 1904.
La question du personnel enseignant, au Collège de Fribourg (brochure), Fribourg, 1904.
Questions d'enseignement secondaire (2 vol. de 454 et 515 p.), Paris et Genève, 1905.
Les « humanités » au congrès de Mons, *Suisse universitaire*, octobre, 1905.
Esquisse d'une réforme orthographique intégrale, *Suisse universitaire*, 1905.
La conférence de M. Brunot, sur la réforme de l'orthographe, *La Liberté* de Fribourg, novembre 1906.
L' « Introduction à l'étude de la chimie » de M. de Thierry, *Revue de Fribourg*, mai 1906.

Alpinisme.

Courses dans les Alpes fribourgeoises, *Fribourg-Gazette*, août 1901.
Principales ascensions dans les Alpes fribourgeoises, *Guide-Album de Fribourg*, 1902.
Trois « premières » dans les Alpes fribourgeoises, *L'Echo des Alpes*, août 1905.
Le Capucin, chaîne des Gastlosen, *L'Echo des Alpes*, février 1907.
Le chemin de fer du Cervin (brochure), Fribourg, avril 1907.
Le Grenadier, chaîne des Gastlosen, *L'Echo des Alpes*, juin 1907.
Moléson, Lys et les montagnes de la Veveyse, dans *Les Alpes fribourgeoises*, 1909.
Escalades dans les rochers, *Ibidem*.

www.ingramcontent.com/pod-product-compliance
Lightning Source LLC
Chambersburg PA
CBHW050556210326
41521CB00008B/998